製糸工女のエートス

日本近代化を担った女性たち

山﨑益吉 著

日本経済評論社

本書を母に捧ぐ

はしがき

私はこれまで、横井小楠を中心に江戸時代の経済思想を研究してきたし、基本的に現在も変っていない。小楠のほかには石田梅岩、二宮尊徳、三浦梅園、渋沢栄一などであるが、三浦梅園、渋沢栄一についてはほんの入り口にすぎない。高崎経済大学に奉職して以来、小楠に取り組み、三分の一世紀近くなるが、小楠の研究から抜け出られないでいる。日本経済思想史を担当してからやはり三〇年近くなるが、基本的にこのスタイルは変っていない。今後も小楠研究は続けていかなければならないし、彼の現代的意義、例えば、「横井小楠と道徳哲学」について、体系的な研究が必要であると痛感している。本書は小楠研究の延長上において誕生することになったものだが、できるかぎり平明に、具体的に綴ったものである。

小楠が明治二年暗殺されずに生き長らえていたならば、近代日本のあり方も変わっていたのではないかと考えているが、そうした思いが明治以降の経済思想を研究対象としている。小楠の名言「堯舜孔子の道・西洋器械の術」を、近代日本で是非実践させたかったと考えるのは、おそらく筆者一人ではないであろう。小楠は富国論を展開するが、近代日本の強兵論は考えなかった。小楠亡き後は強兵が強調され、彼が布いた四海同朋主義はかき消され、富国は強兵のために手段化していく。幕末ペリー来航に際し、武力で対応しないよう、あれほど強調したにもかかわらず、小楠亡き後は歪んだ武力主義が覆ってしまい、今日まで根強く尾を引いている。なぜならば、小楠は相手が強いか否かではなく、有道の国、正義の国かどうかを基準として対応しなければならないと強調したが、近代日本は逆にこの基準から判断されなければならない国になっている。大きく王道から外れてしまった点は否めない。最近の一連の政治、経済、外交の不祥事は、小楠の目から見たらどう映るであろうか。

小楠が他界してまだそう年月が経っていない明治の初め、例えば、本書が取り上げる富国策としての蚕糸業、富岡製糸場による近代化、そこで働く人達、工女達は富国の真の意味をよく理解していた。働く意味、製品とは何かについてもよく理解していた。これは小楠が幕末越前で実行した富国策の延長と考えられる性質を持ったものだ。真の富は民を豊かにするためのものである。小楠は「富ますを以って先務とすべし」とし、これこそが富国策であり、民を利することが真の富国策であると考えた。明治初年頃までは少なくとも、生産現場ではこうした思想が支配的であった。明治五年富岡製糸場が操業を開始する。『富岡日記』の著者和田英はまだうら若き乙女でありながら、真の富とは何か、外国を相手とした交易が何かを肌で感じ取っていた。小楠亡き後は渋沢栄一などが、『論語と算盤』の精神で資本主義の基礎を築いていくが、それは健全な資本主義論であった。渋沢と姻戚関係にある富岡製糸場の初代工場長尾高惇忠も、小楠と同じ発想の持ち主であった。養蚕業の盛んな地、上州島村の田島弥平も誠の営みとして養蚕業に従事した。歴代富岡製糸場で働く工女もそうであった。次第に強兵論に巻き込まれることを知りながらも、一心不乱に糸取りに精を出した工女の姿を、和田英なき富岡製糸場に見出すことができる。心は和田英と同じだったに違いない。ただ、「物言わぬ民」であったにすぎない。

製糸場で働く工女達は、誠意を持って糸取りに精を出し青春を燃やした。『富岡日記』の和田英はとても二〇歳前の乙女とは思えない新鮮なタッチで、糸取り、製糸場の置かれた状況を活写している。そこには誠意、惻怛の誠でちりばめられている。横井小楠の「堯舜孔子の道」を想起させずにはおかない。「御先祖様に申し訳ない、そのようなことをして恥ずかしいとは思わないか」が、開口一番、母からの躾であったと英は述懐している。母からの躾の第二は「嘘をつくのは火事と同じだ」、嘘も火事も捨てておくと取り返しがつかないから、嘘をつかないことが身を立てる基本だと強調しているが、これは当たり前のことである。だが、昨今、企業のトップが嘘、偽りを並べ立てて平然としている姿を垣間見るとき、いかに基本が重要であるか分かろう。少くとも、富岡製糸場、松代の六工社における労働は、天国に宝を積むような働きぶりであったことが伺える。「西洋器械の術」を利用しながらも、「堯舜孔子の道」は忘れなかった。ここには石田梅岩、二宮尊徳の精神も生かされている。近代日本の資本主義勃興期に、健全な精神が流れていたと考えていい。小楠の精神と連続していることが伺える。本書が製糸業をとおして追求しているエートスも、小楠の延長にあることを想起されたい。

バブル崩壊後の一〇年間を失われた一〇年などと呼んでいるが、とんでもない錯覚である。けっして失われた一〇年ではない。それどころか、根拠へ復帰するための一〇年であると考えた方が理に叶っている。なぜならば、企業の不祥事が相次いでは失われた一〇年どころの話ではないからである。企業の最も責任ある地位にいる人達が嘘、偽りで経営にあたっていたというのであるから呆れるばかりである。さらに、消費者に目を向けなければならないのに、どこそこの食品会社は保身術に終始し、痴態をさらけ出し、失笑をかったが、この程度の認識では、一七歳の和田英の「嘘をついてはご先祖様に申し訳がない」の精神にも劣る。ごまかしと偽りの世界で、何故日本経済が復興するのか。もっとも肝心な食とエネルギーの世界で、常識では考えられない不祥事が起きているとあっては、逆によく日本経済が沈まずにいるとさえ感心するばかりである。算盤ばかりをはじきすぎるならまだいい。だが、嘘、偽りで国民の目をごまかすのは算盤勘定に長けているどころの話ではない。大手の電力会社が平気で不祥事を改竄《かいざん》していたというのであるから、呆れて物が言えない。それも内部告発で明るみに出たのであって、そのまま黙認していれば取り返しがつかないことになったかも知れない。内部からであれ、杜撰《ずさん》な姿が浮き彫りになったことだけでも救われる。廉恥ならぬ破廉恥が企業に蔓延しているとあっては、かつての経済大国も地に落ちたものである。失われた一〇年は当然であったのではなかろうか。

日本の資本主義も、揺籃期には健全な精神が宿っていた。少くとも正心、誠意、誠の道を歩もうと懸命になって富を作り出した。第一等の糸を作り出さなければ国際的に通用しないと、一介の工女すら、算盤には論語が必要であると信じていた。経済活動を支えるのは基本的に、倫理や道徳であると考え、天から与えられた誠の道を実践することが、誠の道としての経済活動であると信じていた。「誠は天の道なり、これを誠にするは人の道なり」(『中庸』)、「徳は本なり、財は末なり」(『大学』)を実践していた。近年ノーベル経済学に輝いたアマーティア・セン教授は、「経済学が倫理や道徳と切り離されてから有効性を失っている」、と喝破しているが同感である。

元来、経済と倫理、道徳は一体のはずである。経済は人間活動の一部である。人間活動の一部であるならば、企業も法人格であるから人格が要求されよう。嘘、偽りでは人間がもたない。企業も嘘偽りではもつはずがない。人間の最も基本的な活動条件は仁であり、義であり、さらに礼であり、信である。仁は仁愛、義は正義、礼は礼儀、信は信用であると言い換えれば一層はっきりする。これが人の踏み行うべき道であるならば踏み外したら信用されない。「信なくば立たず」である。企業とて同じである。

本書で展開された製糸業を推進した人達、一心に国富を積み上げようと糸取りに精を出した工女達には誠の精神が漲っていた。一心に「祈りかつ働く」という神聖な生業として勤しんだ。その精神はかえって新鮮に映る。日本資本主義が初心に返って失なわれた一〇年に猛反省するという意味において、近代日本の出発点で展開された製糸業中心としたエートスに耳を傾ける必要がある。けっして益なしとしないであろう。

本書の出版にあったって多くの方々のご協力を仰いだ。日本経済思想史研究会、梅園学会、横井小楠研究会、高崎経済大学附属産業研究所の山崎プロジェクトの皆さんに研究会をとおして大変お世話になった。ここに記して感謝の意を表する次第である。

日本経済評論社の宮野芳一氏には山崎プロジェクトをとおしていろいろご協力いただいているので、二重にお世話になったことになる。ここに深く御礼申し述べる次第である。

平成一四年一二月

第一章　日本の近代化と富国論

一　日本近代化論

1

維新回天の大事業をなしえたとはいえ、新政府が将来に対して確固たる信念をもっていたわけではない。なにしろ、徳川はいけない、徳川を倒すことに心血を注いだが、将来について、全く五里霧中という状況にあった。だが、なんらかの方針を打ち出さないかぎり、徳川を倒して将来に希望を託した人々にとって、なんのための維新か、になりかねない。もしなんらかの方針を示さず、徳川に代わって、例えば薩摩や長州が頂点に立つだけならば、たいした変化ではない。封建制度はとにかくいけない、とする人々にとって、これでは承認されまい。

では、徳川に代わる新制度とは何か。周知のとおり、明治維新のスローガンは尊王攘夷であった。

尊王は政治制度の問題であり、攘夷は裏を返せば、経済の問題である。それ故、日本の近代化にとって、二つの問題にどう対処していったらいいかが最も重要な課題であった。[1] 二つの問題の解決なしに近代日本の歩みはない。結論から言えば、二つの問題は第二次世界大戦まで引きずられた。いや、今日までも引きずっていると言ってよい。極めて重要な問題であった。

(一) 公議政体論

まず、尊王の問題からみていくことにしよう。幕末から維新にかけて、徳川に代わる体制を布く場合、頂点に誰を据えたらいいかが大問題となる。たんに徳川はいけないと言ったところで、もし万民が納得するものでなければ、むしろそのことがかえって混乱の元になるからである。徳川に代わって万民が納得する新制度は、天皇親政であった。一君万民の思想である。天皇親政の下、いかなる政治制度を採るべきか。幕末から維新にかけて、どのような政治制度にしていくべきか、いくつかの議論が提出された。(一)は封建制か郡県制かの問題であり、形にかかわるものである。西洋流に言えばフォルム (Form) をどうしたらいいか、ということになろう。(二)はフォルムに対してマテリー (Materie)、つまり質量、中身の問題である。公議政体ということになる。

まず、前者の問題はどう推移し、維新の指導理念になったであろうか。封建制か郡県制か、どちらが優れているか、なんとも言えないが、幕末から維新にかけ指導理念となったのは郡県制度である。郡県制度は西洋のそれが紹介され、例えば、フランスではすでに封建制度は過去のものになりつつあることを教えた。こうした思想は、最初例えば、栗本鋤雲の『鉛筆紀聞』に見られるように、フランス人との対話をとおして知りえたものである。さらに、万延元年以降、条約批准のため海外に渡航した人たちによってもたらされた。西洋の事情がどうなっているか、さらに米国の議会、英国の議会制度が「日本橋の魚市によく似ている(2)」とか、真昼間から言い合いしている様《さま》は、喧嘩でもしているかのようである、と巧みな描写がある。だが、封建制度が過去のものになり、郡県制度が来たるべき新しい制度であることを告げたのは、蕃書調所からオランダのライデン大学に派遣された津田真一郎である。津田は『泰西国法論』を著し、「籍土の制」つまり封建制度が過去のものになりつつあることを教えた。例えば、「籍土の制」は支配者が一般大衆を支配するのに都合のよい制度であるが、結局群雄割拠、戦争が絶えないため、西洋においては、「籍土ノ制悉ク絶亡シタリ」、となったことを紹介するものであった(3)。

封建制度に対する究極の批制は、郡県制度に落ち着くが、ここに到るまで、例えば薩長を中心とする公武合体論などの思想もあった(4)。折衷論である。さらに、幕府は倒すが封建制度はそのままにしておき、封建制の上に朝廷を置くというもので、有馬新七、久坂玄瑞らが主張（『六公建白』）する封建的王制復古論である。天皇親政による中央集権的王制復古論は第三の道として示されたものので、これを証明してみせたのが、先の津田真一郎の「籍土ノ制」である。

封建制度に代えて郡県制度に移行する場合、中身の問題はこれをどう考えたらいいか。封建制度は地方分権であるため、一朝事あるとき、強力な体制をとることが困難である。それどころか、二六〇余の諸藩が思い思いの政策をとったのでは、外圧に抗すべきもない、というのが強力な中央集権体制への移行でもあった。

では、中身の政治体制はこれをどう考えたらいいか。ただ、中央集権的王制復古論といっただけでは、いかなる手続きを踏むのかはっきりしない。当時、中身をどうするかによって、次の三つの考えがあった。㈠は佐幕派の見解であって、公卿は惰弱であるから政治は徳川にゆだねるべきであるとする考えで、会津、和歌山、大坂などの諸藩士が主張した。㈡は公卿の見解で、王朝時代と同様天皇の下で行われる必要があるという。㈢は公議政体論である。(5)

幕末から維新にかけて世を指導する理念となったのは、㈢の公議政体論である。この考えがどこからきたのかと言えば、最初はやはり徳川の矛盾からであったと言えよう。だが、なんと言っても公議政体論が確固たる公論となるのは、西洋議会制度の導入である。西洋の議会制度の仕組は、最初、隣国清朝経由で入ってきた。なぜ、清国からといえば、西洋列強が狙ったのは、清国の市場であり、それゆえ、西洋議会主義の仕組は清国経由でもたらされたのである。横井小楠のごときも、例えば、ブリッジメンの『海国図志』などによって早くから西洋の思想に触れているが、漢記による間接的導入であった。(6)小楠が『海国図志』に啓発されて、開国論者へ転向するきっかけとなったことは周知の事実である。

次の段階は、直接外国へ行って見聞してきた人たちによって、西洋の議会制度の様子が伝えられ、大きな指導理念になっていった。その先陣を切ったのは、福沢諭吉の西洋事情の紹介であろう。福沢がイギリスで経験したことは、実に不思議千万であった。つまり、政党同士が互いに批判し合う様や、さらにアメリカの大統領の子孫が一介の市民となっているという現実に、福沢が理解できなかったのは当然と言ってよかろう。[7] では、公議政体論はどのようにして指導的な理念となったのか。これもやはり、外圧を無視して語ることはできない。挙国一致が外圧に抗する手段であるとすれば、やはりここは二六〇余の諸藩が衆知を出し合って最良の方法を考える必要があろう、というのが公議政体論の出発であった。この点で力のあったのは、横井小楠である。小楠は文久二年、『国是七条』[8]を著し、「不レ限二外藩普代一選レ賢為二政官一、大開二言路一與二天下一為二公共之政一」を建白している。小楠の公議政体論の考えは間接的に漢記された西洋思想の影響はあるにしても、「手持ちの思想」[9]つまり朱子学を究極に煮詰めたところから出ていると言っていいであろう。当時、一般の儒者は小楠の「述職」[10]が理解できなかった。参勤交代を止めて「述職」とせよ、が一種の議会主義の母体となっていったのである。

小楠の公議政体論はすでに[11]越前で実践されている。それは大会議構想なるもので、具体的には物産総会所として実現をみている。この考え方が、身分職分を越えて優秀な人材をあげて議論せよ、ということにつながっている。さらに天下（市民）と共に公共之政（議会）をなせということになる。ここまでくれば、議会制民主主義まであと一歩である。

維新の基本方針は「五ケ条の御誓文」に述べられているように、政治は「万機公論」に決められるべきであった。おそらく「五ケ条の御誓文」が小楠の『国是七条』から発せられていることは、小楠、由利公正、福岡孝弟、木戸孝允らによって、完成している経緯を考えてみればよく分かる。[12]

その後、公議政体論は封建制度に代わる新しい理念となって、近代日本を指導するはずであった。明治二三年帝国議会が開設され、議会制民主主義がとり行われる手はずであった。だが、それは幕末維新にかけて世を指導する理念とはかけ離れるもので、すくなくとも小楠が考えていた理想政治からは、ほど遠いものであったと言ってよい。このため、近代日本は生みの苦しみを背負わされることになる。この苦しみは、第二次大戦まで続いたといっても過言ではない。議会主義が不徹底であったため、その犠牲がいかに大きかったかを物語るものと言えよう。

そのため、たとえば、群馬県にあって明治初年の五万石騒動（後出）に見られる農民の苦しみ、さらに明治六年からの地租改正、自由民権運動に端的に表れている群馬事件、日清戦争後のいわゆる戦後の経営から生じるキリスト教博愛主義による民主化の要求など、群馬の近代化も日本のそれと軌を同じくしている。むしろ、群馬の近代化は日本の近代化をリードしていたとも言えよう。

(二) 富国強兵論

明治維新のもう一つの柱である攘夷の問題はどうか。攘夷論は経済の自由化の問題である。パックス・トクガワーナ（pax Tokugawana）は外国と通商交易することを禁じていた。だが、幕末に至ると外圧によって、開国が避けられない状況になってくる。この点に関しても、いち早く開国交易論を主張したのは横井小楠であった。万延元年に『国是三論—富国論』を著し、信と義を中心に「有道」の国を前提とする貿易の必要性を説いた。(13)

自由主義経済論は重商主義政策と根本的に異なっている。小楠の考えはあくまでも、「有道の国」の立場に立つ貿易を主体とするものである。そういう意味で、重商主義政策とは異なる。攘夷から開国へ、そして開国経済論、自由交易論が主張されるようになる。例えば、福沢諭吉、神田孝平、加藤弘之などが西洋の自由主義経済思想を持ち出して、経済の自由化を論じるが、コスモポリタン的な自由主義経済は、後発国である日本にとってとることができなかった。「有無貿易」に始まって物の交換から知恵の交換へと進むのであれば、互いに利益を上げることができようが、維新の段階までほとんど農業に依存していたわが国は、西洋の資本主義にかなうはずはなかった。幕末から維新にかけて、生糸、茶、みかん等により一時出超をみたものの、その後は入超が続き、自由主義貿易の限界を承認せざるをえなくなる。

そこで、登場したのが富国強兵策である。明治新政府のとった方法はきわめて簡単であった。なぜ、西洋は強大なのか。それは西洋が近代的な生産体制を布いているからに他ならない。では、近代設備はどういう方法によるのか。資本主義体制をとればよい、ということになる。つまり、資本主義制度の下、近代設備によって生産性を上げているのが西洋である。わが国も西洋諸国のようになるためには、西洋のように近代設備による生産体制を布く必要がある、というのが当時の公論であった。

では、どのようにして近代的設備を布くことが可能か。資本主義体制は文字どおり、資本を必要とする。当時農業段階にあったわが国は、近代設備を布くだけの資本を持ち合わせていない。とするならば、どのように資本を調達したらいいのか。

一般論として、資本蓄積は勤勉、節約によってなされる。A・スミスの論を待つまでもなく、真の富が労働によることは周知の事実であるが、問題はその労働がいかにあれば富すなわち国富が増進されるか、ということである。高い生産性によって国富を増進するためには、原理的に二つの方法しかない。㈠労働生産性を引き上げる、㈡生産的労働を増大させる、である。㈠は労働がどのような方法によれば、高い生産性、富がつくられるかの問題であり、㈡は生産に従事している労働者の数の問題である。それゆえ、資本蓄積が可能なためには、優秀な労働者が数多く存在しなければならない。これが大前提であるとすれば、勤勉によって得た富を全部使用するのではなく、節約し次の生産設備のために投資してやらなければならない。それゆえ、勤勉と節約は国富のための父母のような役割を担っている。

では、維新当時、西洋に伍していくだけの勤勉と節約はどのようになされたであろうか。当時、産業は大多数が農業であったため、資本はどうしても農業から地租という形で提供されねばならなかった。極論すれば、あらゆる資本は地租という形で提供されたといってもよかった。身分解消の元手から近代産業のための資本も、みな地租からまかなわれたわけである(14)。

次に問題となるのは、資本の蓄積過程がきわめて急であったということが、近代日本のゆがみやひずみをもたらしてしまった、ということも承認しなければなるまい。通常、自由主義経済にあっては、勤勉と節約によって資本が蓄積され、利益が上がると期待される産業に投資される。そのテンポは市場経済にゆだねられることになる。だが、維新当時の設備投資は、例えば官営富岡製糸場の建設にみられるように、きわめて短い時間に進められている。つまり、資本の蓄積が行われてからなどという、悠長なことは言っておれなかったからである。一般的に言えば、単純商品生産の時代から資本主義商品生産の時代へと進むのであるが、新政府はいきなり資本主義商品生産を開始しようとしたわけである。

例えば、官営富岡製糸場の場合、糸取りというノウハウはあったとしても、近代技術を駆使した巨大な製糸場をわずか一年余りで建設し、操業を開始していることはただ驚異という他はない。先にも述べたとおり、西洋が強大なのは資本主義体制による近代生産設備にある。その主な中身は繊維製品である。とすればまず、日本が強力になるためには西洋の方法を採り入れればよいことになる。だが、採り入れ方が問題で、単純商品生産から資本主義生産へと段階を踏んでいたのでは、いつになっても西洋の後塵を拝するのみであるから、彼等にいち早く追いつき追い越すことが重要なわけである。それが、官営富岡製糸場をはじめとする、上からの資本主義体制の整備であったわけである。

だが、上からの富国策には限界がある。いくら生産設備を備えたとしても、終極的に資本主義化を図っていくのは民間であるから、市民レベルで産業の近代化が進められる必要があった。官営富岡製糸場が三井に払い下げになったのはそのためであり、全国から工女が技術を身につけるために集まってきたのはこうした理由による。その代表例が本書の主人公、和田英らであったことはいうまでもない。富岡で西洋技術を身につけた伝習工女は、全国に散らばってゆき、富国のためにその技術を生かすことになる。松代六工社での和田英はその典型であった。

官営鉱業も短期間のうちに近代的生産体制を布くことが急務であったが、民営においても全く事情は同じであった。日清戦争後のいわゆる戦後の経営が論点となり、工女から女工さらには『日本の下層社会[15]』といった問題が取り沙汰されるにいたるが、近代化路線を走る資本主義体制は、そうした問題、特に労働者の待遇改善に目を向ける余裕はなかった。例えば、富岡製糸場での段階では、労働問題といえば薩長対その他の県の図式を出るものではなかった。さらに、早くも高島炭坑に見られる労働改善要求なども、労働の厳しい対立というところまでは進んでおらず、志士仁人に訴えるにとどまっていた。ところが、日清戦争後になるに及んで、近代化を急ぎ、資本蓄積の過程が急速であったため、労働問題が顕在化してくるからである。

例えば、足尾鉱毒などの問題に端的に表れているように、近代国家建設のために、国内の犠牲はいたしかたないかの風潮をかもし出したのは「日本の悲劇」そのものであった、と言ってよかろう。田中正造があれほど強訴しても、近代化路線を急ぐ国や企業には悲痛な声は届くものではなかった(16)。これは裏を返せば、それだけ近代設備による国家の増進が急務であることを告げるものであった。後れて資本主義化せざるをえなかったハンディはあるにせよ、地租改正や足尾鉱毒に見られるように、そのしわよせもまた急激であった。

地租改正に端的にみられるように、農民の強い反対に出会って一時軽減されたものの、その後は軽減どころか増加の一途をたどったではないか。それに対して、福沢諭吉などは『農に告るの文』において、農村からの脱出を訴えたが、これでは農村の疲弊に対する抜本的な解決にならなかった。「一日も早く無学文盲の門を破る可ものなり」と福沢が強調するとき、彼が期待したのは農村以外の都市労働者であった(17)。だが、これでは本質的な解放になっていない。なぜならば、都市において苦しんだのは工場労働者であった。農村も、都市も近代日本の産業化は、双方に塗炭の苦しみをもたらしたことは確かである。

近代日本が関税自主権の欠如、治外法権を承認しながら出発したことは、たいへん不幸であった。さらに、外圧という当時最大の脅威を考える時、資本蓄積はやむをえなかったとする考えもあろう。当時、ではどのような方法があったのか。この問いに答えるにはかなりの時間が必要であろうし、是非の判断もかなりの決断を必要としよう。これに対する問いは、明治維新のスローガンである尊王攘夷つまり、政治、経済の面から総合的に判断を下さないと誤る恐れがある。だが、これに対して、横井小楠と共に「公共の政」(18)が採れなかったか、という判断を下さざるをえない、とだけ言っておこう。もちろん、「公共の政」が経済をも含んでいることは言うまでもない。

幕末から維新にかけてリードした経済論は、自由主義の経済思想であった。外国交易は一国内の取引となんら変わることなく、ただ市場が拡大したにすぎず、双方に利益をもたらすからわが国にとっても善良な策である、というのが自由貿易論の主張である。明治の初め入超に転ずるが、これはいずれ風が東から西に、西から東に吹くようにして気候が定めるのと同じように、入超はいずれ出超に転ずるようになるから心配する必要はない、というのが公論であった。こうした論調の背後に、A・スミスの影をみることができる。自由主義は強者の論理であることに変わりない。いち早く産業革命をなしえたイギリスが世界に向けて自由貿易を唱えたのは、強力な産業があったればこそである。例えば、経済発展には段階があって、農業国と工業国では強弱は歴然としている、どう頑張ってみても農業国が工業国と対等にわたりあえるわけがない。時とともにこうした保護主義がおこってくるのも、自然の成り行きである。明治一〇年代になると、F・リストを背景とする保護主義が台頭してくる。

だが、保護主義が台頭してきたからといって、日本の近代化にストップがかかったわけではない。政治体制の問題とからめて、その後の経緯は自由主義か保護主義かを超えて、強力な国づくりが進められていったことは、史実が示すとおりである。こうして、農村は依然重税に喘《あえ》がなければならず、都市では強力な資本蓄積の下、洋の東西を問わず産業革命に特有な産みの苦しみを余儀なくされたのである。

この時期に、官営工場として富岡と新町に製糸業が富国強兵の先鞭をつけたのである。富岡製糸場の建設は文字どおり、国家的独立の基礎ともいうべき総力で当たっている。糸が近代化の基礎であることが富岡で実践に移されたわけである。この事業がいかに急を要するものであったかは、先にも触れたが、新政府の体制が十分に整備されないうちから計画、実施されていることである。それもフランス流の洋式機械の導入によって、一挙に西洋の水準に引き上げようとした意気込みをみれば、富国強兵がどの程度なのか分かろうというものである。近代日本の出発にあたって、国是とされたのは神田孝平が「日本国当今急務五ケ条の事」で述べているように、「永久独立国」であって、そのためにはまず「国力」をつける必要があったわけである。「国力」は「日本国中一致」して当たり、それを指導するのが「政府」であり、「衆知」をとりて事に当たる旨が強調されている。神田はこの五ケ条は「西洋国法学の大綱」に基づいていると述べているので、方法論が西洋からそのまま輸入されていることを知る必要があろう。

だが、ここで決定的に異なるのは「永久独立国」たるためには「国力」をつけ、そのためには「衆知」を集めとあるが、前段はよいとしても、後段の「衆知」を集めが、方法論として神田のい

評論
No.134 2002.12
日本経済評論社

アメリカの戦後日本論
——ニューレフト史学を中心に

中村政則

一、ハワード・ションバーガー

ジョン・ダワーは『敗北を抱きしめて』（三浦陽一・高杉忠明・田代泰子訳、岩波書店、二〇〇一年）の献辞で、「平和と民主主義。その理想を決して見失わなかった、ハワード・B・ションバーガー（一九四〇―一九九一）に」、と書いている。ションバーガーとは誰か。まず彼の略歴を記しておこう。

ションバーガーは一九四〇年生まれ、一九六二年シカゴ大学卒業後、ウィスコンシン大学大学院進学、革新学派のウイリアム・A・ウイリアムズのもとで学んだ。六八年博士号取得、一九七一年からメイン大学で約二〇年にわたって教鞭をとった。アメリカ外交史、日本占領史を専攻し、「憂慮するアジア研究者の会」（CCAS）の有力会員の一人であった。「中央アメリカに平和を」（Peace in Central America）の中心メンバーとして、平和と民主主義の運動に参加した。『バンゴー・デイリー・ニューズ』の「マルクス・レーニン主義者」（当時、米国ではこのレッテルは、ソ連のスパイというに等しかった）という誹謗に対し、名誉毀損で訴え、一九八九年勝訴した。その慰謝料をPICAや暴風被害にあったニカラグア人民に寄付したという。ダワーより二歳年少だが、一九九一年一〇月、急死した。享年五一歳。米歴史学界、とくにベトナム反戦世代の歴史家に与えた衝撃は大きかった。

主著に、AFTERMATH OF WAR, Americans and the Remaking of Japan, 1945-1952 があり、同書は宮崎章の翻訳で『占領（一九四五―一九五二）——戦後日本をつくりあげ

た8人のアメリカ人』（時事通信社、一九九四年）として刊行された。同書の「逆コース」（米政府の対日占領政策の転換）の分析は優れており、とくに「逆コース」推進の中心人物ウィリアム・ドレーパー陸軍次官やハリー・カーンなど「ジャパンロビー」の分析は冴えている。彼が生きていれば、ニューレフト史学の立場に立つ、米国の日本占領史研究は一層の深みを加えたであろう。

　ダワーにとって、ションバーガーのあまりに突然の死は痛恨の極みであった。ダワーは献辞を贈ることによって、ションバーガーを追悼すると共に彼の意志を継ぐことを誓ったのではないか。一九八〇年八月、ハーバード留学中の私は、家族を連れてメイン州にあるションバーガーの家を訪ねた。初対面であったが一泊し、翌日は近所の湖のほとりでバーベキューを楽しんだ。当時、私が翻訳しつつあったトーマス・ビッソンの学問について色々教えてもらった。一九八四年だったと思うが、彼が日本を再訪したとき『ビッソン日本占領回想記』（三省堂、三浦陽一と共訳）の出版を非常に喜んでくれた。その彼の急死の知らせを聞いたとき、私の受けた衝撃も大きかった。この原稿を書いている今も、彼の死が日米両歴史学界にとり、いかに大きな損失であったかを思わずにいられない。

二、変貌するアメリカの現代日本史研究

　ションバーガーの死から早くも一〇年余が経過した。しかし、この間にアメリカの日本近現代史研究は大きく変化した。その詳細については、拙稿「現代歴史学の課題――アメリカの日本近現代史研究（一九八〇―二〇〇〇年）」『年報 日本現代史』（二〇〇二年五月）にゆずるが、米歴史学は近代化論から民衆史、社会史、ジェンダー史そしてポストモダニズムへと動いている。そうした中で、ダワーが二〇〇〇年度の、ビックスが二〇〇一年度のピュリッァー賞を受賞した。ピュリッァー賞が日本を対象にした作品に与えられたのは初めてであり、しかも二年連続とは驚きである。私はこれを「一つの事件」と受けとめた。これについても最近「アメリカの日本研究と歴史叙述」（『神奈川大学評論』四二号、二〇〇二年七月）に書いたので省略する。むしろここでは、ションバーガー、ダワー、ビックスらに代表されるアメリカのニューレフト史学は、従来の主導学説であった近代化論に代わって、何が新しいのかを述べてみたい。

　近代化論はひとことで言えば、欧米

中心史観であり、冷戦のイデオロギーであった。後発国は近代化の過程をへて、いずれ先進国に追いつくという単線的な発展史観であった。しかも近代化の担い手は政治家・官僚・実業家などのエリートであって、労働者・農民などの人々はほとんど視野に入っていない。しかし、近代化論を修正（リヴァイズ）した修正学派は、名もない庶民や女性、マイノリティなど社会的弱者の声を意識的にとりあげる。ダワーの『敗北を抱きしめて』のあの効果的な書き出しをみれば明白である。そのほか占領史研究に限っても、ニューレフト史学の学問には次のような特徴がある。

　やや箇条書き的になるが、（一）保守的な軍人マッカーサーが革新的な改革に着手したのは何故か。マッカーサーは一九四八年の共和党大統領候補に擬せられていた。そのためにも日本占領を何としても成功させねばならなかった。これを単なる憶測としてではなく、アイケルバーガー文書などを使って実証してみせた。（二）日本軍国主義とアメリカ帝国主義に対する両面批判。これは東京裁判批判、つまり白人による「勝者の裁き」、アジアの視点の欠如をきびしく指摘。また天皇の戦争責任を正面に据えて、日米合作による天皇の政治利用を批判した。（三）「逆コース」論。「逆コース」(reverse course)の起源とそれを演出した中心人物を明らかにし、これが現代日本（保守的日本）に繋がったとする。この批判はマッカーサー（GHQ）批判、日米合作の占領政策批判につながる。（四）Trans-War History（戦争貫串《かんせん》史）の提起。スキャッパニーズ（SCAPanese）モデルのように、戦中・戦後の「連続説」と「断絶説」を統合する視点を切り開いた。（五）この戦後モデルが崩壊し、それに代わるモデルを模索しているのが現在の日本だと見る。いわば占領史と現代史の結合をはかった。（六）新しい歴史叙述の可能性を示した。とくに『敗北を抱きしめて』は、欧米の社会史・文化史の方法をも取りいれて、日本占領の時代をビビッドに再現してみせた。

　ションバーガーも心友ダワー、ビックスの受賞を心から喜んでいるに違いない。

［なかむら・まさのり／神奈川大学特任教授］

首都圏史叢書4

『「大東京」空間の政治史——一九二〇～三〇年代』の刊行にあたって

大西　比呂志

今日「東京」は「千葉都民」や「東京都緑区」といった言葉に示されるように、行政区域をこえて関東各県各都市と有機体のように密接に結びついた広域の空間としてある。この空間を現在、一般的に「首都圏」と呼んでいるが、この「首都圏」は、歴史的にどのように形成されたのだろうか。一九九四年四月に発足した首都圏形成史研究会（会長高村直助フェリス女学院大学教授）は、一つにはそのような問いかけを共通の関心としている。

首都圏形成史研究会では定例の研究会、総会の開催、機関誌の発行などの活動のほかに、地域政治、流通、軍事といったテーマごとの小研究会を組織して研究を進め、シンポジウムを企画し、その成果を論文集として刊行してきた。首都圏史叢書①『地域政治と近代日本』（一九九八年）、②『商品流通と東京市場』（二〇〇〇年）、③『帝都と軍隊』（二〇〇二年、いずれも日本経済評論社刊）であり、本書もこれらに続くものである。

今から、小研究会「都市と官僚制」を本書の共編者の梅田定宏氏と立ち上げたのには、関東地域で都市史に関心を持つ者として、この分野を常にリードしてきた関西大阪に対し、なんとか一矢を報いたいとの気持ちがあったわけであるが、それ以上に「首都圏形成史」を冠するわが研究会にとって、この過程に対する一つの答えを出すことはまずもって求められている課題と思えたからである。

こうして集まったメンバーのフィールドは、東京市、東京府郡部、埼玉、横浜、藤沢といった地域にまたがり、関心も政治史、都市計画史、交通史、社会史と多様であった。しかし例会を重ね、様々な角度からこの東京を核とした地域研究の共通の土俵を模索する中で、われわれが注目したのが「大東京」という概念であった。

これは一九三二年の東京市の隣接五郡合併の際に掲げられたことで知られるが、本書の鈴木勇一郎論文が明らかにしているように、一九二〇年代に鉄道網整備計画のなかで、現実の距離よりも時間距離が優先される範囲として構想され、三〇年代には「大東京地方計画」へと発展するタームである。この間二七年には横浜市も「大横浜」と銘打った市域拡張を実施し、三〇年代には藤沢など地方中小都市にもその気運は拡大する。「大東京」は戦後に至るまでの間、関東地方における東京を中心とした都市膨張を推進し、周辺都市の「大」都市化を活性化させるキーワードであったのである。

本書の表題とした「大東京」空間とは、こうした一九二〇～三〇年代に進展した「東京」を核とした広域の地域構造をイメージした言葉である。そして「政治史」とは、それをもたらした国家（官庁、官僚）による都市と郊外を対象とした政策の展開と、都市内部における行政組織、政党勢力、住民組織の動向といった都市支配に関して外と内の両面から考察し、「大東京」空間の中で複雑に推移した地方政治と社会状況も明らかにしようという意図からである。そしてこの「大東京」こそ東京都制（一九四三年）をへて、戦後の「首都圏」形成への歴史的な一段階をなすのではないか、というのがわれわれの仮説である。

むろん「大東京」も「首都圏」も複雑な構造を持っており、例えば文化的な価値の中心・発信地としての機能なども見逃すわけにはいかない。首都圏形成史研究会では、「都市と娯楽」をテーマとした小研究会を発足させ、こうした問題にもアプローチを始めている。また「大東京」がいかに「首都圏」へと変容していくのかという、その後の過程についての検証はあらためて取り組まなければならない課題である。東京への一極集中の弊害が叫ばれ、また地方都市の大合併が進展しつつある昨今、東京をめぐる空間再編の歴史的な考察はそれなりの現代的意味を持っているように思う。本書がこうした「都市問題」への理解ための一助となれば幸いである。

［おおにし・ひろし／早稲田大学社会科学部講師］

【首都圏史叢書Ⅰ】
地域政治と近代日本
―関東各府県における歴史的展開―
櫻井良樹編　本体四五〇〇円

【首都圏史叢書Ⅱ】
商品流通と東京市場―幕末～戦間期―
老川慶喜・大豆生田稔編著　本体五七〇〇円

【首都圏史叢書Ⅲ】
帝都と軍隊―地域民衆の視点から―
上山和雄編著　本体四六〇〇円

中国の〝妖怪〟の素性

橋本　堯

妖怪のことを語るとき、まず注意しなければならないことがある。〝妖怪〟というのは漢語であって、中国では〝恐ろしいもの、人間に危害を与えるもの〟というイメージがまず存在することである。同義の漢語に〝妖精〟というのがあって、こちらは〝フェアリー〟の訳語として日本で用いられるため、〝かわいい、無邪気な〟印象を与えるが、まったくちがっている。具体例を出そう。妖怪の一種「太歳《たいさい》」君である。色と形は肉塊か、地中のキノコ（塊《かたまり》状のもの）のようなもので、数千の目玉がくっついて、地下に存在する。うっかり掘り出すとその一家は死に絶える、という恐ろしい災いに見舞われる。これを避けるには鞭で数百回打ち叩くしかない（『太平広記』巻三六二に収められた説話群より）。

ある家で〝太歳〟を打擲《ちょうちゃく》したのち、深夜になって何ものとも知れず、馬や車に乗って大勢で見舞いに来たものがあり、太歳に問うて言うには「兄《あん》さん、なぜこんなひどい目にあわされて仕返ししなさらん？」。太歳答えて「相手の威勢が強すぎてわしゃどうにもできんよ」（同書、同巻の別の説話より）とのこと。

この例でわかるとおり、妖怪は①恐ろしいもの。②同時にその災いは避ける方法もあること。③いつ出現されるかわからないが、だいたい居場所が決まっていること。④妖怪同士、あるいは別種であっても気脈の通じたものがおり、人格を持つらしいこと、などが知れる。

次に、〝太歳〟という、ここでは地中に潜む肉塊状で多数の目玉つきの奇怪な姿だが、もともと〝太歳〟とは天体の木星と関係のある一種の神であって、妖怪ではなく、「神宮宝暦」にも八将神の一つとして登場し吉神とされている。このことは〝妖怪〟はもとをたどれば〝神〟から分化したものであることを示唆する。

第三に、つまり妖怪はひとくちに〝中国四千年〟を誇る歴史と文化の中では後発の新参者なのだ、ということをはっきりさせなくてはならない。文献上でも、秦・漢以前（つまり三世紀以前）のものには〝妖怪〟の語はない。あるのは〝妖〟、〝山神〟（魑《ち》魅《み》魍魎《もうりょう》はこの別称）、〝鬼神〟などである。ではこのうち、どれがいちばん起源が古いか。これは難しい問題だが、鬼自身の証言はある。「天地始まって以来、鬼はあるのだ」と言うから、これはもっとも。なぜなら漢語の〝鬼〟は、死者、亡者、古代にあっては祖霊を意味し、日本のオニとは別ものなので、〝天地始まって以来〟とは言い換えれば〝人類誕生してこのかた〟ということだから、起源の古さはこれがいちばんだろう。神も当初は〝何々の山の神〟と威張って無数にあった都市国家の守護神に収まっていたから「わしは太山《たいざん》の神であるぞ、外孫《そとまご》は天帝じゃ」などと、天下統一後の最高神に対しても遠慮ない発言をする（ここに言う〝太山〟は今の泰山《たいざん》と同じとみてよい）。

第四に〝妖〟。これは農業生産を根幹とする中国社会では天体、気象の異常はもとより、洪水、山崩れなど害虫の発生も含め、ことごとくに神経をつかったので、こういうもの全般を〝妖〟とみなし、ことに専制君主の強大なのが出現すると新たに皇帝（〝大いなる神〟を意味する称号）を勝手につかい、従来の神々をローカルな存在におとしめた。経済、政治のシステムが未熟で、将来の予測もつかず、君主が富と権力をほしいままにする前に何とか歯止めを設けようとして、〝妖〟という凶兆を考え出したのだ。〝五行志〟とはこうした凶兆の事例を丹念に集めて政治の戒めとして、歴史書の中に取り入れられたものである。

第五に、宋初（十世紀後半）に成立した勅撰の説話集『太平広記』に至ってはじめて、〝妖怪〟という分類項目が立てられ、同時に〝妖〟はわかりやすく〝咎徴《きゅうちょう》〟（当時の言葉で凶兆のこと）と改めて区別した。

これ以後、近代の始まるまでの資料によって整理してみると、

①正体不明のものは〝妖怪〟と〝神〟。
②ともに不滅不死の存在であり未来の予兆を知り、相当な神通力を持つ。
③〝妖怪〟はアウト・ローであって戸籍なく〝賊〟のような存在で、ここが〝神〟や〝鬼〟と異なる（正体の判明するものは〝精怪〟〝妖精〟などと、同じ〝妖怪〟ながら区別された）。

［はしもと・たかし／和光大学表現学部教授］

毒消し売りの調査に寄せて

佐藤　康行

薬売りといえば、富山の薬売りがすぐに思い浮かぶ。私の郷里の高崎でも、小さいころ富山から薬売りに来ていて、風船をもらったことをよく覚えている。新潟市に隣接する巻町の巻町史の仕事をしていたさいに海岸の漁村を調査して歩いていたとき、おばあさんたちからむかし薬を売り歩いて来たことを聞いたときには驚いた。富山以外でも薬を売り歩いていた人がいたとは思わなかったからである。しかも、それが一〇〇年以上にわたり関東一帯や宮城、福島、長野などを回って売り歩き、かなり儲かったという。かくして、おばあさんたちの話を聞くべく海岸の村むらに足繁く通うようになった。

おばあさんたちの話のなかには、それこそドラマがあった。峠で追いはぎにあったり、夜這いにあったり、関東大震災のときに夫が朝鮮人と間違われて殺されたり、等々、いろいろな出来事が口をついて出てくる。あるおばあさんは、夫が酒好きで仕事をしないために苦労ばかりした。しかし、息子が行商についてきてくれたので精神的に助けになったという。「とても親孝行な子供でした」と述懐していた。その息子は若くして事故死した。淡々と語るおばあさんたちの話は、自分だけの「物語」（ライフヒストリー）である。

話を聞いていて、人生とは何だろうか、私たちは自分たちの歴史を知らなすぎるのではないか、と思わずにいられなかった。身近なところにたくさん年輩者がいるのだから、生きている間に聞いておかなければならないと、そう思って調査に通った。一部のおばあさんたちは、村が建設した老人憩いの家で毎日過ごしている。あるとき、「おばあさんたちの元気のもとは何ですか」と聞いてみた。そうしたら、角田山で採れるオウレンやドクダミといった胃腸に効く薬草を煎じて飲んでいるせいだという。私もその薬草をもらって飲んでみたが、にがくて身体によく効くという感想をもった。調査当時、おばあさんたちの歳は八〇歳代が多く、なかには九〇歳代の人もいた。「七〇歳代は若手だ」、と笑って言っていた。

町史の仕事の関係上、初めに巻町の

海岸の村むらの一帯で毒消し売りと農漁業などの生業の調査を幅広くおこなった。そして、町史を執筆した後で、角田浜の集落一カ所に決めて、毒消し売りを女性史としてまとめながら家と村の地域社会史の研究を試みた。この間、新しい史料の発掘をおこないながら、インタビュー調査や悉皆調査などを実施して、さまざまな角度から資料の収集をはかった。

よくまわりの人からどんな調査をしているのかと聞かれるが、お茶を飲んで「がははは……」と笑っているだけです、と答えることにしている。そんな調査をしてきた。調査とは調査者と被調査者との対話であり、互いの人生を変える出会いでもある。おばあさんたちの話から、机上では学ぶことができない、生きるうえで大事な徳を学んだ。

おばあさんたちの話をまとめよう思いたったのは、これまで女性史の観点から歴史が記述されてこなかったという経緯を踏まえ、ジェンダーの観点から生きた歴史を書く意味があると思われたからである。また、毒消しのことを調べているうちに、坂口安吾がこの地を訪れ、亡くなる直前に「越後の毒消し」について『中央公論』に書いていることを知った。安吾は、古老の話を聞いて「日本人の全く新しい歴史を書きたいんだ」と述べている。それまでの歴史は政治史や事件史だけを取り上げ、それをもって歴史と称していた。また、庶民の歴史といっても、それは定着して生活を営む農民の歴史であった。安吾の言葉の裏には、定住者ではなく漂白者にむけられたまなざしがある。安吾のような考え方は、今でこそめずらしくなくなったが、彼が活躍していた昭和三十年までを考えると、近代を超えるポストモダンの発想を早くから持っていたことに改めて驚かされる。新潟市寄居浜に彼の碑が建っている。そこには、「ふるさとは語ることなし」と刻まれている。

おばあさんたちの歩いてきた行商も、近代日本に生きた女性の歴史のひと齣である。

［さとう・やすゆき／新潟大学人文学教授］

コーポレート・ガバナンスと社会的視野

渋谷博史

現在の日本企業がみせる醜態の原因は何か。急に悪いことをはじめたのか、あるいは悪いことは昔からやっていたが、急にばれるようになったのか。それとも、そんなに悪いことでもないのに、騒ぎすぎなのか。よく分かりません。昔からやっていた悪いことが暴露される確率が高くなったのであれば、日本社会は良くなったといえる。万が一騒ぎすぎであれば、その背後にいかなる陰謀があるのか。その昔、財閥を非難する動きが、正義のためのファシズムを生んでいた教訓もある。だからといって財閥の悪事を支持すべきであったというのではない。

経済全体の状態が激変しながら急速に悪化する時に、その中心的存在の悪事がばれると、その社会、国民は大急ぎで代わりの主役を探すことになり、しかも、分かりやすく悪者をやっつける「正義の使者」が登場すれば、社会全体で地道に努力するしかないことを忘れるために、あっさりとイニシアティブを渡すのである。特に「血を流して民主主義を勝ち取る」歴史過程を経験しない日本国民には、免疫がない可能性が高い。ファシズムの台頭を防ぐには、ファシストを抑えるだけでは効果がなく、代わりにもっと感覚的に分かりやすいオカルトが出てくるだけである。

最大の対策は、企業改革である。市場経済・民主主義の経済社会システムが、社会主義やファシズムや個人崇拝独裁制よりも優れていることを、示すことができるかどうかにかかっている。そのためには、経営者の責任を株主のための利潤最大化とするだけではなく、その利潤を作り出す事業に投入されるコストとして、人間あるいは人間社会に対して限度を超えて犠牲を強いてはならないという社会的視野の中で考えるべきである。企業内の非人間的な労働条件を改善するために労働法があるように、公害・薬害、自然環境の破壊を阻止するための社会的規制の仕組みも必要である。しかしもっと重要なのは、企業の経営者にも、人間社会の幸福という価値観と民主主義を共有させることである。純粋な資本の論理では、コストとしてどんな非人間的な事をしても、利潤を最大化することがエージェンシーとして最善ということになる。それを抑制するのが、罰則規定や賠償金支払のリスクというのであれば、公害・薬害が露見する確率が小さいと判断した時や、裁判を通して課される賠償金に比べて利潤が大きいという計算が成り立てば、あえて危険を冒す可能性もないとはいえない。このような二つの社会的要請を満たすことが、「社会的視野からのコーポレート・ガバナンス」論のテーマである。

通常のコーポレート・ガバナンス論で中心に据えられる株主と経営者の関係のみではなく、労働者や社会的監視にまで視野を広げて、日本の企業経営における不透明性を分析すべきである。現代日本の経済社会構造の中核に企業があり、それを中心に経済社会の構成員が経済活動を行っており、企業活動の影響は株主の利害のみに反映されるものではない。昨今のさまざまの次元と領域における企業スキャンダルをみる時、「視野狭窄」的なエコノミクスによる合理的な株主・経営者関係の分析ではなく、社会的な視野でみるべきということは、しごく当然と思っているが、いかがでしょうか?

アメリカ的な伝統や社会構造が形成されていない日本に、アメリカ流のコーポレート・ガバナンスを無理やり持ち込むと、「消化不良のアメリカ論理」で労使関係や取引関係や社会関係がギクシャクし、挙句の果てに「日本がアメリカに支配されてしまう」という不安から、市場経済・民主主義の経済社会システムを放棄する方向が選択されるかもしれない。大学の「塀の中」からこんなことを言っていても仕方がなく、企業人がそんな自覚を持ってほしい。企業が節度を持って、市場経済・民主主義の経済社会システムを支えなければ、本当に、日本社会は崩壊し、アメリカや中国という大国に統治を委任することになるかもしれない。

［しぶや・ひろし／東京大学社会科学研究所教授］

市町村合併を検証する

川瀬憲子

いま、明治、昭和に次ぐ市町村合併の嵐が全国の市町村で吹き荒れている。わが国の歴史を振り返ってみると、時代の大きな転換期に「上から」の市町村合併が繰り返されてきた。今回の波も例外ではない。政府・総務省は、財政構造改革の一環として、約三二〇〇の市町村を一〇〇〇程度にまで削減する方針を打ちだしており、合併特例債などの財政支援策（アメ）と人口五万人未満の市町村への地方交付税削減（ムチ）を巧みに用いながら、合併特例法の期限にあたる二〇〇五年三月までに「平成の大合併」を実現しようとしている。総務省が今年一月に行った調査によると、何らかの形で市町村合併を検討しはじめている市町村数は、二〇〇〇を超えるという。しかしながら、きわめて日本的な官僚主義的中央集権システムの中で、「地方分権」の名のもとに「上から」の合併推進が行われていること自体に、多くの矛盾があると言わざるを得ない。

合併を実施あるいは計画している市町村の財政について調べてみると、実に恐ろしい事実が判明する。簡単に言えば、政府が掲げている財政誘導というアメの部分にアリが群がるかの如く、新市建設計画がつくられ、地方債という借金が拡大しているという事実である。合併特例債というのは、総事業費のうちの九五％まで起債が可能であるというもので、わずか五％しか自主財源を必要とせず、元利償還金の七割は後年度の地方交付税算出のさいに考慮されるというものである。金額的には、次年度からの合併を予定している静岡市・清水市（約七〇万人）では上限四〇〇億円（一〇年間）、昨年度に合併して成立した潮来市（約三万二〇〇〇人）上限五八億円という計算になっている。つまり、合併特例債という地方債を発行すれば、のちに一定の地方交付税を交付するという論理である。それが、一見すればモラル・ハザードのような現象を招き、地方債増発の引き金となっていくのである。

具体的に静岡市・清水市についてみると、一〇年間で約五五〇〇億円の新市建設計画を掲げているが、その中には、東静岡地域（静岡市と清水市の中間に位置する地域）への新庁舎建設をはじめとする拠点投資、大規模清掃工場（三二九億円）、バーチャル水族館・オペラハウス（一〇〇億円）、日本平整備事業（一〇一億円）、総合歴史博物館の建設（五一億円）、羽衣美術館の建設（三七億円）、わんぱくドーム（六七億円）の建設などの事業が目白押しとなっている。その多くは従来の総合計画にはなく、いわば合併モニュメントのような形で企画された事業計画であり、とくにハコモノが目につく。それらが単なるハコモノにとどまらないためには、ソフトを充実させ、その意思決定プロセスや運営が市民参加型でなされていることが前提となる。しかし、充分な論議もないままに合併計画に合わせて合併初年度に一斉に実施される計画になっており、単なるハコモノに終わる可能性も高い。

また、茨城県潮来市でも、合併後に財政規模が約一・三倍となり、金額にして四〇億円も膨らんでいる。とくに、合併前の六億円と比べると約六倍以上にあたる三九億円もの巨額の起債がなされており、それが財政規模が拡大した最大の要因となっているのである。その中には、大規模清掃工場の新設、旧牛堀町にある小学校三校の統廃合による新設などが含まれているが一方、待機児童のいる町立保育所が廃止となるなど、福祉や教育面での公共施設の統廃合に伴うサービスカットがなされる傾向にある。つまり、新市の基盤整備のための公共事業に対しては一定の財政支援策を受けて優先され、人的サービスに対しては交付税カットの影響もあって合理化が推進されているのである。しかも、こうした青写真はほとんど市民に知らされることなく、任意合併協議会において非民主的に意思決定がなされていたのである。

ところで、諸外国に目を転じると、アメリカ、フランス、ドイツなどの国では相対的に基礎的自治体の規模は小さい。参加型の住民自治を保障するという機能や質の高い狭域的行政サービスを提供するという機能を重視すれば、自ずから自治体の規模は小さくなる。

いま、上尾市の住民投票によるさいたま市への編入合併拒否、矢祭町の合併をしない宣言といった動きにも多くの注目が寄せられている。合併の是非は、あくまでも地域住民自らが最終的に決定すべきである。そして何よりも、参加型のきめ細やかな分権社会を展望する方向性を導き出すことこそ重要ではないだろうか。

［かわせ・のりこ／静岡大学人文学部］

神保町の窓から

▼良書も悪書も、際物《きわもの》も学術書も、何もかもひっくるめて出版界は泥濘の中にいる。どこまで続くぬかるみぞ、の感がある。こんな泥道で転び、泥だらけになるわけにはいかない。「ハリーポッター」で鉱脈を掘りあてた出版社もあるじゃないか。明けない夜があるものか、冬の次には春がくる……売上げの低迷を背負って、自らを励まし、叱咤し、やや深めの酒に溺れながらも、また今日も本を出す。われわれが懲りもせず、新刊書を出し続けられるのは「今度の本はいける」という極甘の期待があるからだ。「この本は三〇〇人の読者がいれば満点だ」なんて嘘みたいな予測が立てられるようになったのは、千点近くの新刊を出し、それらのことごとく（ちょっと言い過ぎ）に敗北を抱かされた結果なのだ。高い授業料を払ってきた。それでも本作りを辞めないか。辞めない。新刊書を作るたびに出会う魅力ある著者群。この人々との接触→摩擦→離脱のくりかえし。この過程は編集者が原稿にではなく、著者の人間性に惚れ込んだりするやや危険な瞬間である。売れる、売れないなんて問題はふっ飛んでいる。そして売れないことが多い。編集者は次の本で挽回するとは言うが守られたことはあまりない。かつてこの種《て》の本が何冊もつづいたとき、「本など売るな」と叫んだことがあった。当然、バカ上司呼ばわりされた。確かに資本主義体制の下で販売を軽視したようなもの言いではあったが、売れないものを売ろうとしても売れるわけがない。そんな場合、売れる本を企画しろではなく、この事態をどう迎え入れたらいいのかを考えろ、そう言いたかったのだ。▼「出版ニュース」提供の数字がある。現在わが国で活動している（一年に一点以上出している）出版社は四四二四社、この出版社の年間総売上は三兆二六九七億円。講談社、小学館、集英社と上位百社でこの売上の六三・八％を占める。二・二％の出版社で業界の六割以上を占拠しているわけだ。しかし子細に見ると対前年で増加しているところは少なく、減収減益が多くを占める。どちらさんも苦闘しているのがわかる。平素《ふだん》から全力でつっ走っていなければならない小社の如きは、珍しくも何ともない。みんな迷っている時は、小零細にだってヒットや塁打を打てるのかも知れない。そう思い、その気になって神田の新刊書店を半日かけて歩いてみた。驚いた。店に大小はあれど、どの店も平台に並べられた本は同じではないか。同じと言って悪いなら類似本ばかりじゃないか。文学でも古典なんか皆

無か隈の暗がりだ。表現は悪いが駄本に陽が当たり、ロングセラーとか必読文献は陽陰者だ。ビジネス書、健康食もの、日本語関連、どれも不要とは言わないが、いかにも類似している。本を出さなきゃ食えないのはどちらも同じだが、出版界は節操がない、なんて言われたくないね。ヒットや塁打どころではない。この出版界「本でもうけよう」という人々が余りにも蝟集しすぎた。「ヒョッとしたら」なんて考えずにやはり身の丈に合った仕事をしているのがいい。▼敗戦による政治的混乱と経済的貧困を一気に乗り越えた、戦後の革命的経済計画「国民所得倍増計画」があった。失業者を完全になくし、月給を倍にすることを目玉に高度成長を為し遂げた計画である。この計画の全過程を網羅した資料集が完結した。四年の時日を要し全九〇巻となった。一九九〇年一一月七日、まだ東京大学におられた林健久先生を訪ね、国の決算書か何かの話をしていた。「バカなことを考えるな。こんなのやってみないか」とキッカケを頂いたのが経済安定本部の資料だった。四〇万頁もあった壊れそうなガリ版刷りを整理し評価する大がかりな仕事になった。そんな仕儀になるなど、少しも予想していなかったので動き始めてから、後に引けなくなったことを思い知った。こうなったら、戦後復興期の経済計画を残らずやろうと腹に決めＮＩＲＡ（総合研究開発機構）とも細かい連絡をとりながらやってきた。後に引かずに今それが終った。刊行順に並べてみる。①経済安定本部戦後経済政策資料（全42巻）②（経済審議会）内外調査資料（全15巻）③戦後経済計画資料（全5巻）④財閥解体・集中排除関係資料（全4巻）そして今度の⑤国民所得倍増計画資料（全91巻）である。関連資料として⑥戦後物価統制資料（全8巻）⑦戦後復興期経済調査資料（全20巻）がある。合計一八五巻になる。いずれの資料集も在庫あり。この仕事のはじめから終りまでご指導いただいた林健久先生、伊藤正直先生、浅井良夫先生そして大森とく子先生、伊木誠先生、岡崎哲二先生、明石茂生先生に深甚の御礼を申しあげます。購入して応援してくれた全国の図書館にも御礼申しあげます。▼この欄で、ときどき在庫本の運命についてふれるが、毎月数点の新刊を出していると、留まる一方なのは理解していただけると思う。その対策として、読者は極少だが何人かいると思えるものは、オンデマンド方式で重版（？）していこうと思います。正直言って、この方式は印刷面に難があります。著者の皆様は勿論、購読者の皆様へも「承諾」をいただかねばなりません。ご承知おきいただければ幸いです。

（吟）

〔送料80円〕　評論　第134号　2002年12月１日発行　発行所　日本経済評論社
〒101-0051　東京都千代田区神田神保町3－2　電話 03(3230)1661
E-mail: nikkeihyo@ma4.justnet.ne.jp　FAX 03(3265)2993
http: //www.nikkeihyo.co.jp

うとおりにならなかったことであろう。「永久独立国」、「国力」、「衆知」は分かる。だが、「政府」の中身が果たして「衆知」であったかどうか問題を残すことになった。それゆえ、明治維新のスローガンである尊王攘夷論は不徹底に終わらざるをえなかったのである。このことは近代化を考える上で、大きな支障になったことは否定できない事実である。

二　製糸業とキリスト教

すでに見たごとく、日本の近代化は政治制度、経済組織をどうするかをめぐって展開された。この二つを別々に論じることは、物事の本質を見失う恐れがある。だが、本節では便宜上経済の問題を製糸業の展開に、政治の問題をキリスト教に収斂させて考察するが、そう誤りではないであろう。近代化を考える上で、これらの二つは避けてとおれないように思う。

これらの問題に入る前に、日本の近代化がいかに悲劇的であったかを素描しておこう。神田孝平の「永久独立国」論はすでに触れたとおりである。外圧を考えれば、「永久独立国」が至上命令であったことは理解できる。問題は、そのための方法論をどこに求めるかである。歴史を検証するのに「もし」は禁句であろうが、あえて「もし」を使うなら、維新の際、「もし」横井小楠の「公共の政」、つまり「公議政体論」ともいうべき「衆知」を布いていたならば、日本の悲劇もある程度緩和されていたのではないか、と考えるのは筆者一人ではなかろう。建前としては「万機公論ニ決スヘシ」であった。公議公論体制であったが、現実は「衆知」ではなかった。ここに、明治維新のスローガンは成功裏に終わったとしても、新政府は頭が変わっただけではないか、という批判がつきまとうということである。本格的な変革ではなかったところに、後世に重荷を背負わせた点は否定できない。

(一) 製糸業の展開

日本の近代化が製糸業を中心として展開したことに異論はなかろう。封建的な生産体制に代わって、自由な経済組織が考えられたことは、物的基礎を提供する側にとっては都合がいいに決まっている。封建制度からの解放は、分相応な社会からの解放を意味し、それは身分、職分からの解放であり、誰がどのような身分になろうとも、どのような職分に就こうとも自由であるということである。製糸業の展開にあたって、例えば養蚕業の盛んな群馬が製糸業、ならびに織物業を中心として展開したとしても何ら不思議ではない。

最初は官営製糸業の展開であったとしても、養蚕地帯を背景に自由経済を旗印として民間製糸業が発展するのは当然と考えてよかろう。群馬が輩出した思想群像は何らかの形で養蚕業、製糸業と関連している。例えば、日本で最初の組合製糸碓氷社の萩原鐐太郎などは、自由主義経済群の先頭を切るものと言ってよかろう。養蚕はたんに蚕を養って繭として出荷するだけであるから、付加価値をつけるという点では繭から糸、さらに織物に加工したほうがよい。だが、現実問題として、蚕を飼ったり糸をとったりするには農家の専業ではとても無理である。そこで考え出されたのが、できるだけ付加価値をつけて出荷する仕組みが組合製糸である。農家である組合員に利益が還元されるような仕組みが必要なわけで、碓氷社はその先鞭をつけたと言えよう。

その他、高崎線や両毛線が開通の運びとなるが、これらも製糸業と無関係ではない。いわゆるシルクロードであるが、これらの鉄道も製糸業と共に発展してきた。このような背景を考えるとき、日本の近代化は群馬の製糸業の成功いかんにかかっていた、と言ってもあながち無理な推論ではないであろう。そういう意味で、群馬の近代化が日本の近代化に連動していたのである。

養蚕業がマイナスに働いたのは、群馬事件ではなかっただろうか。松方デフレによって西上州は過剰な設備投資が裏目に出て、借金が重んで、直接行動に走ったが、これは養蚕業と関連している。隣の秩父事件とも共通性があるが、直接の原因は松方デフレによる身代限を余儀なくされた農民のやむにやまれぬ直接行動というのが当を得ていよう。思想的には自由党左派の吹き込みがあったとはいえ、養蚕農家が借金棒引策に出たことに変わりはない。

さらに明治三〇年代になるとキリスト教博愛主義が養蚕地帯、製糸業地帯に盛んとなるが、これもベースは製糸業と無関係ではないことを示している。安中を中心とするキリスト教博愛主義が、西上州という風土と強く結びついている点を見逃してはならない。そういう意味で、群馬の近代化は、製糸業の展開とそれをベースとした思想的展開、特にキリスト教は切っても切れない関係にあることが分かる。そしてこのことは、同時に日本の近代化を考える上でたいへん重要である事も認識しておく必要があろう。では、養蚕業を背景としたキリスト教はどうなのかをみることにしよう。

(二) キリスト教博愛主義

製糸業の展開が自由経済の下におし進められたとすれば、他方メダルの裏の問題として政治体制はキリスト教博愛主義に代表されると言ってもよかろう。日本の近代化で最も不徹底に終わったのは政治体制の問題である。つまり、幕末維新に約束された公議公論体制が空手形に終わったため、新政府に対する不満は止まることを知らない、というのが実情であった。群馬県においては、その矛盾は明治二年高崎の五万石騒動に現れた。租税の比率が天領と藩領では異なる。五万石に嫁ぐには裸で茨《いばら》を背負うようなものである、とさえ言われた。政治制度が不徹底であったため、五万石の領民は、とても生きてはいけない重税、例えば八公二民に悩まねばならなかった[19]。

続く地租改正はどうであったか。もともと地租改正の狙いは近代国家の財源確保にあったため、旧幕時代と比べ農民がどうなるかは二の次であった。否、近代の財政制度は旧幕時代となんら変わるものでなく、むしろ重税ですらあった[20]。重税であったとしても、西洋に追いつき追い越せの国家目標が、地租軽減という公論にも、耳をかすだけの余裕はなかった。それどころか、前述したとおり、そうした公論にも、地租は軽減されるどころか戦時体制を理由にむしろ増徴されたではないか。こうしたことが、その後の群馬事件にも直接、間接を問わず原因となっていることは否定できまい。

群馬事件の思想的バックボーンとなった自由民権運動も、群馬県では盛んであった。高崎では宮部裏らによる有信社が結成され、儒教的精神風土を持ちつつも、フランス流の自由思想を持ち込むという点では、新鮮なものがあったに違いない。当時、自由民権運動は、『自由党史』の伝えるところによれば一種の社会主義的な色彩を帯び、敬遠されがちであった旨が述べられている。[21] 志士仁人的性格を持っていたという点では、明治三〇年代のキリスト教博愛主義とは異なるものがあろう。

新政府の民主政治が不徹底であったため、さらに経済制度の改革と相俟って、自由の要求はエスカレートしていった。封建時代と比べ自由になるはずであったものが、逆に不自由に、重税になっている。どこかおかしいと考えるのは当然の成り行きであった。自由主義、社会主義を主張する人達の要求は、憲法発布や帝国議会で形式上要求を容れた如く見えたが、「永久独立国」のためには「国力」をつけることがどうしても必要であった。日清戦争後、日本の資本主義は飛躍的に生産体制を拡大するが、それに伴って労働者の労働条件が問題となった。さらに、戦後の経営のなかで一番関心が持たれたのは、日露の戦争をどう考えるかであった。こうして明治三〇年代になると、構造的矛盾をどう処理するかという問題と、他方、国家的威信のため戦争準備をすすめる国家に対する非戦論の問題をめぐって、議論がたたかわされたが、群馬にあっては特に内村鑑三や柏木義円などが非戦論の立場に立って論陣を張ることになる。[22]

近代日本の出発にあたって、新政府に対するアンチテーゼは儒教的精神風土をまとったフランス流の自由思想家達が、社会主義思想の源流であろうが、この他にもイギリス流の自由主義思想、ドイツ流の国家主義思想などがわが国の社会主義思想の母体をなしたといえる。だが、この時期アメリカ帰りのキリスト教博愛主義の思想を無視することはできない。特に、群馬県において新島襄、内村鑑三は、キリスト教博愛主義の筆頭であろう。新島襄に刺激された柏木義円を含めれば、この時期群馬の思想界は日本のそれをリードしていたといっても、けっして無理な推論ではあるまい。

明治三〇年代、キリスト教博愛主義者が正面きって反対したのは、日露戦争であった。当時、堺利彦、幸徳伝次郎が『万朝報』に退社の弁を載せ大きな反響を呼んだが[22]、それと並んで内村鑑三の開戦反対理由も掲載されていることも見逃してはならない。荒畑寒村は当時の内村鑑三について、つぎのように述べている。「私が工廠から得る月給は一回昇給してもわずか二七銭であったから、その中で『万朝報』を購読することはむしろ奢りの沙汰ともいうべきなのだが、それもはじめはただ内村鑑三先生の文章が読みたかったからに他ならない。内村先生は万朝報社の社員であったか客員であったか知らないが、ほとんど毎号、第一面にいわゆる秋官の獄を断ずるような秋霜烈日の筆鋒で、社会批判の短文を発表していた。真偽のほどは知らないが、先生が論難攻撃の文章を草する時はその論敵の写真を前において、それをにらみながら筆をとるとうわさされたくらいで、痛烈な論難の文章は特に私をひきつけたものである。私は先生が『饑饉よ来れ』と題して、神が上下腐敗堕落した日本に饑饉の劫罰を下ださんことを祈り求めた万朝報紙上の一短文を読んだ時、さながら旧約の予言者ヨブの叫びをきくような感じに打たれたことを覚えている[23]」。

荒畑寒村が述べているとおり、内村は当時強烈な印象を与えたようである。だが、堺、幸徳らの考えと内村が決定的に異なるところは、同じ社会主義と名乗っても中身違いであった。幸徳が次第にラディカルになっていき大逆事件に巻き込まれていくのは周知の事実であるが、内村はあくまでもキリスト教博愛主義の立場に立つ。明治三六年『平民新聞』創刊号は、巻頭、つぎのようにうたっている。

一、自由、平等、博愛は人生世に在る所以の三大要義なり。
一、吾人は人類の自由を完からしめんが為に平民主義を奉持す、故に門閥の高下、財産の多寡、男女の差別より生ずる階級を打破し、一切の圧制束縛を除去せんことを欲す。
一、吾人は人類をして平等の福利を享けしめんがために社会主義を主張す、故に社会をして生産、分配、交通の機関を共有せしめ、其の経営処理一に社会全体の為にせんことを要す。
一、吾人は人類をして博愛の道を尽さしめんがために平和主義を唱導す、故に人種の区別、政体の異同を問わず、世界を挙げて軍備を撤去し、戦争を禁絶せんことを期す。
一、吾人は既に多数人類の完全なる自由、平等、博愛を以て理想とす、故に之を実現するの手段も、亦た国法の許す範囲に於て多数人類の輿論を喚気し、多数人類の一致協同を得るに在らざる可らず。夫の暴力に訴えて快を一時に取るが如きは、吾人絶対に之を非認す。(24)

荒畑は内村の非戦争に啓発された旨を述べたのち、社会主義思想に導いてくれているのは、堺、幸徳であると強調しているが、少なくともこの段階で、内村や堺、幸徳らは同じ土俵上にあったとみていい。『平民新聞』にあっても、後に表明される社会主義思想よりも穏健である。この段階においても、自由、平等を強調しているのであるから、内村鑑三とそう違うわけではなかろう。むしろキリスト教博愛主義の立場に近い。だが、これから先、社会主義とキリスト教博愛主義では意見が合わなくなる。大逆事件に見られるように、社会主義思想が手段を選ばぬようになるが、キリスト教博愛主義は、あくまでも非暴力的な手段によって人類に博愛を及ぼすことにおかれていることから、社会主義と一線を画すことになるのは当然と言えよう。

近代群馬の思想家は、明治三〇年代のキリスト教博愛主義をもって頂点に達すると考えていいだろう。後に高畠素之のような思想家も現われるが、内村鑑三をもって近代群馬の思想家群像の最高峰に立つと考えるのは無理なことではないであろう。先にも触れたように、新島襄、内村鑑三、柏木義円と続けば群馬の思想家群像がいかに傑出していたかが分かろう。

三　思想の特色

幕末維新から明治時代を中心に、群馬近代化を見てきたが、この間、群馬の思想家群像の位置づけは蚕糸業とキリスト教をバックとして生まれていることを知った。経済的には自由主義経済の立場に立ち、政治的には公議公論体制の延長線上にあると考えてよかろう。だが、これだけの考察では十分ではない。というのは、近代群馬の思想家群像が基本的にどのような役割を担っていたか、が明らかにされていないからである。思想が文字どおり、歴史をリードする転徹手として機能をするためには、それだけのものを持ち合わせていなければなるまい。では、この間、近代群馬の思想家群像は、転徹手としてどのような特色を持っていたであろうか。以下、その特色を、①世界主義、

②平和主義、③市民主義の三点に焦点を当て論ずることにしよう。

(一)　世界主義

近代群馬の思想群像の特色の第一は、常に世界的視野で物事を考えていたということである。国家的独立が至上命令であったとはいえ、常に群馬の地から世界に目を開いていたことは特筆大書してよかろう。すでに、幕末に及んで藩組織が十分に機能しなくなってきたとはいえ、世界に目を向けながら藩や天下国家のことを考えていたことは、植民地化、半植民地化の危機にさらされていたとしても、思想のスケールの大きさを考えさせずにはおかない。新島襄、和田英、内村鑑三らがいかに世界的視野から考えていたか。新島襄、内村鑑三らが世界的視野で見つめるというのは分かるにしても、高等教育機関で教育を受けたことのない、たかだか二〇歳前後の工女和田英が常に世界を相手に糸取りに精を出していたこと自体驚異である。いくら製糸業が国是であったからといって、会社側の経済第一主義を批判しながら、日本の生糸の信用のために身を挺して製糸業に励んでいた英、当時の人達がいかに思想的にスケールが大きかったかが認識されよう。近代日本の製糸業を支えた工（紅）女たちも、和田英に負けず劣らずそう考えていたと考えていいだろう。

今日国際化が強調され、国際化やグローバルなる文字が目に耳に触れない日はないくらい、それほど一種の流行語になっているが、どこまで国際化を世界的視野で考えているか疑問なしとしない。国際化とはなにも海外に頻繁に出掛けていくことではあるまい。行かないより行って具《つぶさ》に見聞を広めるにこしたことはないが、国際化とはそれほど単純なものではない。新島襄、内村鑑三、柏木義円らが強調してやまなかったのはこの点であったと思われる。内村が日露戦争を前にしてあれほど抵抗したのも、さらに柏木が非戦論を展開したのも、広く世界的視野から人類共通の基盤を見失わなかったからである。

(二) 平和主義

近代群馬の思想家群像の第二の特色は、常に平和主義を基本としていたことである。これはキリスト教博愛主義者の専売特許のように考えられているが、この時期、自由主義を掲げる実業家、例えば井上保三郎らのごときも常に平和を考えていたということである。新島襄、内村鑑三、柏木義円が平和論者であることはあまりにも有名であるのでここでは触れないが、井上保三郎が平和論者であったことは、高崎の地に慈母観音を建立した事実に現われている。井上は高崎や上州のみならず日本が、そして世界（世の中）が平和でありますようにとの願いを込めて慈母観音を建てた。井上のこうした考えは、実業家としての経験から平和主義でなければ経済はまわっていかない、という視点から出されているとしても、半世紀以上経った今日、依然として単純明快に平和のシンボルとして位置づけられている点は、特筆していいであろう。おそらく、井上のたどった道は社会主義者やキリスト教博愛主義とはかなり異なろうが、平和でなければ社会の存立はありえないという点では一致している。

戦後半世紀余り平和の世が続いている日本は、過去のにがい経験の下、平和がいかに尊いか身にしみて分かっている故、この貴重な相《すがた》を世界に向けてアピールすることはなににもまして貴重な財産であろう。平和がいかに尊いことであり、人類共通の願いであるか、近代群馬の思想家群像はすでに一〇〇年近く前に教えている。今日の群馬いや世界平和を考える上で、群馬がこうした大きな財産を持ちえていることに大きな誇りを抱くと同時に、世界に向けて声を大きくしてアピールする必要があろう。

㈢　市民主義

近代群馬の思想家群像の第三の特色は、常に市民サイドから物事を考えていたという点である。徳川に代わって薩長をはじめとする雄藩が頂点についたわけであるから、群馬が反対論の立場に立つのは分かるにしても、近代群馬の思想家群像はそれほど偏狭なものではない。世界主義、平和主義、市民主義と同レベルで考えられているということであって、徳川や薩長土肥などの雄藩が相手ではない。換言すれば、近代市民社会の秩序づけを文字どおり市民レベルでとらえているということである。萩原鐐太郎の組合製糸論にしても吉野藤一郎の市民教育論にしても、自由な社会における秩序はどうあるべきかが問われたのであった。

近代日本の歩みは、公議公論体制が物語っているように、いかに市民レベルで政治を考えるかにあったと言える。ところが、現実の近代日本の歩みが市民主義とはかけ離れてしまった。それどころか市民を踏み台として「日本の悲劇」をつっ走ってしまった、というのが実情ではなかったか。A・スミスを引き合いに出すまでもなく、政治とは文字どおり civil government つまり市民の統治であるはずである。ガバメントとは文字どおり、民主主義、市民主義を基本としているのである。だから、市民主義は公議公論となり公議政体論はやがて議会制民主主義に発展するわけであるが、近代日本の歩みは市民主義が歪んでしまったため、健全な市民主義が育たなかったところに、大きな悲劇があった。

ところが、近代群馬の思想家群像は市民レベルでの議会主義を要求し続けてきた唯一とまではいかなくとも数少ない思想家たちである。そういう意味では、近代日本の思想をリードしてきたとも言える。近代群馬の歴史を振り返るとき、この点を諸先達がいかに真剣に取り組んでいたかを語らずにはいられない。市民主義も群馬の大きな財産として、声を大きくして叫んでもいいのではなかろうか。それゆえ、近代日本をリードした農民運動（五万石騒動）、地租改正、製糸業の展開、工女の精神などは是非押えておく必要があろう。

【注】

（1）難波田春夫「明治維新の政治経済体制論」（第一章）『近代日本社会経済思想史』前野書店、一九七三年。

（2）福沢諭吉『福翁自伝』「福沢諭吉全集」第七巻、岩波書店、一九六〇年。

（3）浅井清「郡県思想の発達」（第四節）『明治維新と郡県思想』一九三九年、巌南堂、九七～九八頁。

(4)　長井雅楽『航海遠略策』大久保利謙編『近代史史料』所収、一九七三年。
(5)　難波田春夫、前掲書。
(6)　山崎益吉「開国論者小楠」(第三章)『横井小楠の社会経済思想』多賀出版、一九八一年。
(7)　福沢諭吉、前掲書、九五頁。
(8)　横井小楠「国是七条」『横井小楠関係史料　一』東京大学出版会、一九七七年、九七〜九八頁。
(9)　松浦玲『横井小楠』朝日新聞社、一九七六年。
(10)　山崎益吉、前掲書『国是七条』(第十章、第三節)。
(11)　由利正道「物産総会所の設立」(第三殖産及び貿易時代)『子爵由利公正伝』三秀舎、一九四〇年。なお、この点については、山崎益吉、前掲書『横井小楠の社会経済思想』(第四章)参照。
(12)　山崎益吉、前掲書『横井小楠と明治維新』。さらに『子爵由利公正伝』の「五箇条御誓文の起案」(第六参与時代)。尾佐竹猛『日本憲政史大綱(上)』。「五箇条御誓文」大久保利謙代編『近代史史料』参照。
(13)　横井小楠「国是三論」『横井小楠関係史料　一』東京大学出版会。
(14)　難波田春夫、前掲書、「富国強兵と保護主義」(第二章)。
(15)　横山源之助『日本の下層社会』岩波書店。
(16)　「足尾鉱毒問題」『田中正造全集』第二巻、岩波書店、一九七七年。
(17)　「農に告る文」『福沢諭吉全集』第十九巻、岩波書店、一九六〇年、五一一頁。
(18)　山崎益吉、前掲書『横井小楠と明治維新』(第一一章)。
(19)　山崎益吉「高崎五万石騒動」高崎経済大学附属産業研究所編『高崎の産業と経済の歴史』一九七九年。
(20)　山崎益吉、前掲書『地租改正と農村の変貌』。
(21)　板垣退助監修『自由党史(下)』岩波文庫、一九五八年、九三頁。

(22) 荒畑寒村『平民社時代——日本社会主義運動の揺籃——』ならびに『荒畑寒村著作集』第九巻、中央公論社、一九七六年。
(23)『荒畑寒村著作集』第九巻、九〜一〇頁。
(24) 前掲書、七三頁。

第二章　富国論と蚕糸業
——堯舜孔子の道・西洋器械の術——

一　富国論の背景

(一)　日本の近代化

黒船の出現と共に、太平洋の彼方にアメリカやヨーロッパを意識し始めて以来、日本は今日までグローバル・スタンダード（global standard）に悩み続けていると言えるかも知れない。何がグローバル・スタンダード（世界基準）であるか諸論があろうが、今日、その背景にあるアングロ・サクソン資本主義つまり規制緩和によって活力をつけた英米流の経済活動を指すというのであれば、ある程度承認しながら経済運営にあたる必要があるし、それを幕末にあてはめれば、黒船来航と同時に、国際基準を意識せざるをえなくなっていくのは当然であろう。

アングロ・サクソン流の資本主義を事実上の基準（defact standard）とするそのやり方は、イギリスやアメリカの経済合理主義むき出しではないかと言ったところで、グローバル化が進めば、保護育成、規制、護送船団方式による経済構造はいつしかその正体を暴露しなければならない。今日、アングロ・サクソン資本主義は東洋における特に華人系のそのやり方を仲間資本主義（crony capitalism）であるという。「なあなあ資本主義」と言い換えてもいい。これを日本に当てれば、保護、規制、護送船団方式ということになり、国際的に適用することができない、と手厳しい。今日、とくに非製造業の分野で著しく、金融機関はその最たるもので、国際基準に乗り後れているからである。不良債権に苦しめられなかなか進まない金融改革、金融再編は強くアメリカ経済を意識したものと言える。第三の黒船といわれるゆえんである。

さて、幕末から維新にかけて、アメリカを中心とするグローバル・スタンダードは、わが国にどのような改革を迫ったであろうか。当時の「文明の衝突」は、「西洋器械の術」を見せつけられることによって現実となった。そのことを早く見抜いたのは、幕末の碩学横井小楠であった。しかし、小楠はペリー来航直後、依然としてローカル・スタンダードを崩さなかった。日本の基準が通用すると本気でそう考えていた。それが証拠には「わが神州は」などと言って、攘夷派の急先鋒としての態度を維持していた。だが小楠は、「西洋器械の術」つまりグローバル・スタンダードを目の当たりにして、ローカル・スタンダードではうまくいかないことを悟るようになる。交易をローカル・スタンダードとして解釈することなく、「天地間固有の定理」として受け止めるという柔軟な姿勢に変わっていく。さらに、その延長線上に徳川社会における「無政事の国」（ペリー）を見てとり、「実に活眼洞視」であるとし、全面的に支持する。ここから小楠の富国策が本格化していった。

万延元年（一八六〇）、遡ること七年、ペリーが来航した当時「有道」論を展開し、交易は人為をもっては如何ともできないゆえ、広く天地の気運にしたがって対応する必要があると強調している。万延元年、『国是三論―富国論』はこの延長線にあったわけである。

では、小楠が目指した富国策はどのようなものであったか。近代日本に先立ってどう展開されたであろうか。当時小楠は、三〇％は失業の常態にあるゆえ、失業をなくす方法を考えた。つまり、国が安定する道は失業をなくすことにあるとする。現代とて同じである。産業を興し失業している人びとを職に就けるようにすることが重要である。それが富国策となる。国が富むためには、前述したとおり原理的につぎの二つしかない。①生産的労働の増加。②労働の生産性を増加させる。まず後者であるが、労働における生産性を増加させることは、労働者の生産性を上げることであるから、それは熟練の度合を高めたり、職場間の移動がスムースに行われたりと、いろいろ方法が考えられようが、何と言っても機械生産によるところが大である。手仕事から機械生産へ、それは現在とて変わりない。①はどうか。生産的労働の増加は簡単に言えば失業をできるだけ少なくすることであるから、産業を興し、就業の機会をこれまたできる限り増加させることである。

(二) 養蚕・製糸業

ここで小楠の富国論を簡単に見ておこう。開国（グローバル・スタンダード）が前提となるから、外国を目当として交易することを提唱している。一国内の産物を外国に輸出することによって生産が拡大される。生産が拡大すれば就業機会が増え、就業機会が増えれば所得が増加し市民生活の安定につながる。そこで具体的に提案されたのが養蚕・製糸業である。婦女子対策として養蚕が奨励された。「養蚕を願ふものは桑田に居らしめて蚕室を与[1]」（以下引用は同じ）えるようにする。「処女の如きも亦同じ。専ら養蚕の道を教へ、其他好む処に随て紡績・織紝皆其物品を与へて其力に食しむべし」。「假令多眷ならず共、一藩の婦女子をして養蚕の術をなしめば各自の富足を得る而ならず、遂に国用を裨益するの偉業をなすべし」、と養蚕が富国の基礎であることを見てとっている。「富すを以て先務とすべし」の理由がここにあった。

具体的にどういう方法が考えられるか。小楠は続けてつぎのように展開している。「財用の融通鎖国の昔日に比すれば大に其便宜を得たりと云べし。今や民間に無量多数の生産あり共、是を海外に運輸すれば価を減ぜず且つ壅滞の憂いなし。されば勉めて産を制するが為に富し、産を生ずるによって国を富し士を富すべし」。このように生産が基本であることを強調する。その一例が養蚕・製糸業であった。供給サイドの経済学ということになる。さらに小楠は続けて強調する。「一隅を挙げてこれを譬んに、先ず壱万金の銀鈔を製し民に貸して養蚕の料に充て其繭糸を官に収め、是を開港の地に輸し洋商に売らば大約壱万壱千金の正金を得べし。如レ此なれば楮札数月を閲せずして正金となって、言ふべからざるの鴻益ある而ならず、加わるに千金の利有り。官府比利を私することなく公に衆に示し悉く是を散じて救恤し其他出て反らざるの所用に給す、仍レ之利を得る事多ければ所用益足るべし」。

養蚕ばかりではなく、その他の物産も同様にすれば国富を増進し、士民が共に立ち行く道が示されるであろう、というのが小楠の主張であった。事実、小楠のこの思想は高足三岡八郎（後の由利公正）によって、越前藩に莫大な富をもたらし、藩財政安定に貢献したことは広く知られている。

小楠が国家安定の基礎とした養蚕・製糸業をあげたのは、安政の開国以来生糸が輸出の筆頭にあったからである。周知のとおり、当時わが国の貿易に占める生糸の割合は他を圧倒し群を抜いていた。それはわが国の基礎が養蚕・製糸業にあることの動かぬ証拠である。小楠が越前で実践しようとしたのも無理からぬことであった。

㈢　開発理念

養蚕・製糸業は現代的に言えば高度成長時のリーディング・セクターとなった鉄に相当しようし、最近のIT産業に置き換えることができる。さてそこで、問題はこうした富国策が近代日本の出発にあたって群馬県でどう展開していったかである。当時は郡県的中央集権体制であったゆえ、近代日本の富国策がそのまま群馬の地で展開されたと見るべきであろうが、問題は養蚕地帯を背景として養蚕、製糸業がいかに発展、近代日本の富国の基礎を形成しえたかということにあろう。

問題となったのは、たんなる富国論、殖産興業論として展開されたというだけでなく、その展開の背景にある経済思想、理念が何であり、どう展開されたかということである。でなければ、それを数字的に整理しても、今日、日本の経済がバブル崩壊後、グローバル・スタンダードを前にもろくも崩れようとしている現実に直面しているとき、いかにも空しく、意味をなさないからである。

そこで、手がかりになるのが横井小楠が提起した富国策であり、同時にA・スミスの『国富論』についても言える。換言すれば、富国強兵の背後にある開発の真意に迫りたいと考えるからである。これに対して、西洋のグローバル・スタンダードを前に完膚なきまでに支配されようとした時期であるから、「堯舜孔子の道」などとは言ってはいられないとも考えられようが、小楠に言わせれば、「西洋器械の術」に「有道の国」として対応する必要があるということになろう。でなければ、群馬の養蚕・製糸業は何のための富国策かになりかねず、「堯舜孔子の道」による富国策でなければ、群馬の近代化は何であったかということになりかねないからである。当時、養蚕・製糸業を担った人たちは、「西洋器械の術」の背後に「堯舜孔子の道」をもっていたことをここでは述べたい。

たとえば、群馬県島村で展開した田島弥平、それに富岡製糸場に工女として派遣された和田英、さらに近代群馬の製糸業の展開に尽力した渋沢栄一らは、「東洋道徳」を念頭におき「西洋芸術」を導入しようとしたのだ、ということを言っておきたいからである。富岡製糸場に直接関わった渋沢栄一は『論語』を強調して止まなかった。でなければ、近代群馬の養蚕・製糸業を展開する意味はないと考えるからである。養蚕・製糸業を展開するにあたって、その最も基本である開発思想の根底に、実は「堯舜孔子の道」が存在したことをみていきたい。その手がかりを田島弥平の『養蚕新論』、さらに富岡製糸場の伝習工女・和田英の工女としての対応、渋沢栄一の『論語と算盤』のなかに「堯舜孔子の道」、「東洋道徳」、開発の真の理念を探っていきたい。

二　田島弥平『養蚕新論』

(一)『養蚕新論』

周知のとおり、グローバル・スタンダードは市場を反映したものである。市場価格をとおして需給が調節される仕組みである。市場の暴力という言葉もあるが、長期的には小楠ではないが人為をさしはさむことは公平さを欠くことになる。横浜開港以来、生糸が有利であることはここ島村でも例外ではない。群馬の地形を考えるならば島村が養蚕地帯であることは意外であるが、ここ島村で世界を相手に養蚕業を手がけたのが、田島弥平その人であった。なぜ、島村が養蚕地帯であるかといえば、土地が痩せ桑園が最大の収入源、養蚕が農業として一番有利であったからに他ならない。今でも島村界隈は大きな養蚕農家が当時の面影をとどめているが、田島弥平宅は典型的な養蚕農家であった。ここでは田島弥平の養蚕・蚕種に対する開発理念を『養蚕新論』を見ることによって、近代群馬における富国策の源流を尋ねることにしよう。

『養蚕新論』は明治五年に出版されているから、官営富岡製糸工場と同時代の作である。だが、田島の場合官営富岡製糸場の展開よりずっと早い。それは冒頭で述べているように、父からの伝授によるところも大きいが、民間人として養蚕論を展開したことは、近代群馬にとって幸を得たものと言えるであろう。製糸業と養蚕は、表裏一体というよりは養蚕業なくして製糸業はありえないから、繭の出来、不出来が製糸業つまり生糸の質を決めると言っても過言ではない。では、田島は『養蚕新論』で何を強調しようとしたのか。一言で言えば、繭の収量を上げるということこれである。富国の基礎になる繭の量を上げるためには、繭の元になる蚕種から始めなければならない。つまり、よい繭を得るためには、よい種を生産する必要がある。周知のように、蚕は周囲の気候に大きく左右される。田島によれば、蚕も生物であるから、人為を加え過ぎるとよくない、蚕が無事繭を作るためにはいくつかの関門をくぐらなければならない。それはつぎの三点に集約される。①種の善悪、②育て方、③桑の質、に尽きる。

上州では蚕におをつけて「おかいこ」、「おこさま」などと呼ぶ。それほど一家の富の土台となっていたゆえ、丁重に扱われた。蚕が成長して大桑《おおぐわ》（蚕がもっとも桑を食べる時期）になると寝室は蚕

田島弥平がイタリアで描かせた油彩の肖像画（田島健一家所蔵）

室となる。繭を作る直前になると「おかいこ」、「おこさま」は「ずう」と呼ばれ、「まぶし」に配られ、繭を作るため糸を吐く段階となる。だが、これとて安心できない。「まぶし」に上げた「おこさま」、「おかいこ」が無事蛹になる保証はないからである。赤褐色でつやの大きい蛹に仕上げるためには、並大抵の努力ではすまない。しかし、蛹にならない場合どうにもならない。とても光沢のある繭というわけにはいかないからである。

そこで蚕種が健全であるかどうかが問題となる。つまり、丈夫な蛹にならない種であったならば、いくら努力しても健全な繭は取れないからである。本稿を草すにあたって、筆者は島村の養蚕関係者と懇談する機会をもったが、その時話題にのぼったのが、蚕種の不出来についてであった。たとえば、蚕種は一〇グラム、一〇〇グラムあるいは一箱、二箱というように呼ぶ習わしになっているが、通常一箱一〇グラム、蚕種会社の方では余分に入れることが習慣となっていたという。通常、一〇グラムで一〇貫（三七・五キログラム）目取れることが目安とされ、一一貫目あるいは一二貫目取れるだけ余分に入れることが習慣になっており、農家もそれを承知で掃くという。ところが、恐ろしいことに種が不良であれば全滅ということもある。それでは蚕種会社は信用失墜である。それゆえ、養蚕の第一歩は種から健全な蚕が誕生するかどうかにかかっていると言っても過言ではないのである。

つぎが育て方である。それは立地条件や天候に左右され、家の造り、家の配置、家の囲りの木々などにも大いに影響を受けるから、それを見極めることが大切である、と弥平は力説する。一言で言えば、『養蚕新論』の帰結は自然飼育である。蚕も寒い時には温度を上げてやる必要があるし、暑ければ温度を下げる工夫をしなければならない。

だが問題は、温度を加えることによってかえって蚕を駄目にしてしまうというのである。たしかに寒い時には温度を加えることによって桑を食べさせるようにすれば、早く育つに相違ない。だが、これは問題である。自然に育てるのがよいという。今でも大きな養蚕農家でよく見かけるが、島村にかぎらず養蚕農家に特有な天窓がある。屋根の上にさらに屋根がついている。これは風を取り込むための空気孔である。寒い時には外気を遮断し、暑すぎる時には窓を開け新鮮な空気を取り入れる。なぜならば、大桑が近づくと蚕の糞が積み重なって蚕床が熱をもってくるからである。蚕の糞のことをある地域では「こくそ」という。小さい四角ばった糞であるため「こくそ」と呼ばれている。だが、大量に飼っていると熱がこもってくる。その上西日が当たるところではムッとするような温度になる。これでは蚕も正常に育たない。病気が発生した場合ひとたまりもない。蚕も人間も生物である以上育て方は同じである。自然飼育で行えば大桑が多少後れる程度で、むしろ「ずう」になってから体力があるので品質のよい糸を吐くことになり、ひいてはよい繭を作ることになる。「ずう」になるのが多少後れたとしても、最終的に形がよく光沢、品質のよい繭をとることが目的であるから、自然飼育法が一番適していると、弥平はいう。

桑の良し悪しも問題である。「蚕は腐敗しやすきものゆえに、心を用いて清潔にせずんばあるべからず」(2)（以下引用は同じ）。これは蚕ばかりではなく、人間にも他の動物にもあてはまる。だがややもすると桑が汚れることがままある。たとえば雨が降ったりすると葉に泥がつく。とくに地面に近い小枝につきやすい。そのまま与えたのでは蚕は消化するのに大変である。さらに桑の病気にも気をつける必要がある。たとえば、緑色の肉の厚い葉であれば問題ないとしても、桑の木がなにかの原因で弱わってくると葉も勢いがなくなる。よく黄色がかった葉を見ることがあるが、蚕が好むはずはない。その上、「こくそ」が積み重なるため、どうしても衛生上おもわしくなくなるため、病気の原因となる。このように健全な繭をつくるために、実にやっかいなわけである。

(二) 自然飼育法

『養蚕新論』で展開する弥平の持論は自然飼育である。「大意論」でこう述べている「それ養蚕の大意は人身を養うとはなはだ異なることなし。なんとなれば天地の精気を受けて生じ、精気により養わる。ゆえにその気欝滞すれば必ず病を生じ、その気消滅すれば身またしたがいて死す。およそ天地のいちじるしき、山嶽のそびゆる。江河の流るる、禽獣、魚鼈、草木の蕃殖する、すべて一気の流動循環して昼夜息むことなきによりてなす」。これは東洋に固有な自然論と考えていいであろう。「朱子学的思惟の連続性」であり、二宮尊徳にしたがえば、「天道」、「人道」論である。横井小楠に言わせれば「天地間固有の定理」ということになる。

周知のとおり、朱子学の存在論、宇宙論は理の思想に代表される。物事の存在として理が前提され、気と共に万物の存在が確認される。人為をもって左右できるものではないとする。だから、尊徳は自然を「誠の道」として捉え、それを誠にするを「人の道」として捉えた。だが、ややもすると人為を加え、かえって「誠の道」が貫かれないと弥平は言うわけである。それゆえ、「養蚕に志す者、まずこの意を大認して、蚕室の内に精気の閉塞鬱滞せざることを欲するなり。もしその気閉塞して発散疏通することあたわざれば、蚕の種々に疾病を醸し、臍を噛むといえども、なんぞ及ばん」、と強調して止まない。東洋思想に基づいていると言っていいであろう。その田島は「堯舜孔子の道」に基づいて、「西洋器械の術」に対して、「蝿蛆論」で「かの西説（西洋の説）のごときは臆断（臆測独断）、空論、いまだ実験せざるもの、なんぞ信ずるに足らんや。予、平素太西氏（西洋人）の究理学を尊奉すれども、このことばかりはけっして信せず。あえて弁を好むにあらず、やむこと得ざればなり」と述べている。

この件は横井小楠を想起せざるをえない。小楠は『富国論』の終りで、「於レ是今や天徳に則り聖教に拠り方国の情状を察し、利用厚生大に経論の道を開ひて政教を一新し、富国強兵偏に外国の悔を禦んと欲す。敢えて洋風を尚ぶにあらず。聞く人其原頭を愆り認る事なかれ(3)」と強調しているが、弥平と相通じるものがある。

『養蚕新論』は、「自然の気候にて養う(4)」（以下引用は同じ）を繰返し展開している。たとえば、「自然の気候にて養へば、けっして不熟のうれいなし。ゆえにこの法をもって年々みずから養い、またもっと人に教えて養わしむるに、われ人ともに毫も誤ることなし」とある。反対の立場が、「心をあまり用い過ぎて造花を助けんとするときは、かの宋人の苗を抜くがごとく、かえって徳を傷うにいたらん」である。宋人とは「孟子」の言う愚かな者が早く成長させようとして、苗をひっぱった結果抜いてしまった譬である。つまり、人為的に成長させようとしても天地の徳にはかなわないことを、弥平は示したわけである(5)。

(三) 天地の徳

弥平は天地の徳に則って成育せよ、と説く。重要な個所を二つほど紹介しておこう。一つは「催青論」、他は「掃き下し論」である。「天地は生々をもって徳とす。ゆえに物あれば必ずこれを養う物あり。かの婦人生産（出産）のときも、児生まるれば三日を出ずして必ず乳汁を醸出す。児、乳を欲すれば必ず乳房凝結し、乳房凝結すれば必ず児乳を欲するの期なり。

いま、蚕の桑におけるもまたしかり。清明の節にいたりてはまず貯えおきし筐より種紙を取り出し、陽気を受けるところへ掛けおくときは、恰好（ほどよき）の節にいたりて必ず生ずるなり。その生ずるところとくと考えて催青（たねをあおませる）の規則とせば、年々歳々けっして誤ることなし。桑の芽が生ずれば蚕もまたしたがって生じ、蚕生ずれば蚕もまたしたがって生じ、蚕生ずれば桑の芽もまた必ず生ずるなり。(6)……みなこれ天地生々の徳のしからしむるなれば、心あまり用い過ぎて造花を助けんとする」ことは避けなければならないとしている。他は「狭きところにて蚕を養い、その性に逆えば、たとい生成するとも、庭起（四眼の起きなり）にいたって必ず腐敗するなり(7)」である。

弥平が『養蚕新論』で何を強調したかったかがわかる。小楠流に言えば「天地間固有の定理(8)」に則って飼いなさい、ということになり、「朱子学的思惟の連続性(9)」ということになる。つまり、天地の徳、誠としての天に則れということになろう。さらに弥平は「性に率う」ことであるという。

「性」とはここではそれぞれのもっている固有の性質と考えていい。石田梅岩は「性を明らかにし」と言い、性に率うことを商売の極意であると考えたが、弥平も梅岩と同じ視点に立っている。(10)

さて、近代産業、養蚕・製糸業の展開にあたって、弥平が東洋思想をもって「西洋器械の術」を受け止めていた事は、特筆していいであろう。さらに、「性」、「徳」をもって、近代産業の基礎としなければならないと考えたことも驚きというほかはない。この点、「中庸」の性、道、教についての天地間の連続性を想起せざるをえないしまた、徳についても天徳を引き合いに出さざるをえない。グローバル・スタンダードならぬ田島スタンダードと考えてもいいであろう。蚕種の売り込みにイタリア（ミラノ）へ乗り込んでいったのも、強い自信の表われとは言えまいか。

もし、こうした産業人がリードし続けていたならば、おそらく日本の悲劇は起こらずにすんだかもしれない、と思うのは筆者一人ではないであろう。弥平は明治三一年七七歳で他界するが、その後日本は、「西洋器械の術」で武装し、「徳」(11)も「性」もかなぐり捨て近代化の道を邁進してしまう。富国強兵の負の側面が出たと言ってよかろう。

三　和田英と誠の実学

(一)　東洋道徳

弥平が起業人、実業家として「天地間固有の定理」に基づく開発を考えていたのにたいして、これから述べようとする和田英の工女としての精神も、同じ視点に立っていたものと言えよう。和田英については、すでに『富岡日記』が有名であるし、以前にも取り上げたことがあるので[12]、ここでは英の『富岡日記』、『富岡後記』の背景を探ってみたい。というのは、近代製糸業発祥の地富岡が隆広寺に眠る若き工女の墓標では余りにもやりきれないしまた、その後展開される『女工哀史』でもこれまたやりきれないからである。実は工女のなかにも、近代製糸業をきちんとした理念で貫いた人もいたのである、ということを記しておきたいからである。つまり、西洋芸(技)術は承認するし、これを受け止める心、東洋道徳を持っていたことを強調しておきたいからである。

今年(平成一四年)久しぶりに英の故郷松代を訪ねた。『近代群馬の思想群像』のなかで『和田英と富岡日記』を書いたのが昭和六三年であるから、取材に行ったのは一四年前である。当時横田英の家はまだ藁葺きのままであった。今回衣替えしたが、まだ英宅には江戸時代の面影を偲ぶことができた。英の精神構造を知るうえで真田家、佐久間象山、あるいは恩田杢民親、藩校文武館などの存在は無視できない。

藩政改革の先鞭をつけたのは恩田杢民親が援用した『日暮硯』である。『日暮硯』は「嘘はいわぬ」、「音物はとらぬ」などを掲げ、藩政改革の前提に誠実、正直すなわち誠の一字を強調したが、英もこうした藩政から強い影響を受けたことは想像に難しくない。(13) さらに松代藩には鎌原桐山、山寺常山、佐久間象山、いわゆる「松代三山」がいた。(14) なかでも佐久間象山は「東洋道徳・西洋芸(技)術」で有名である。(15) 桐山は朱子学の大家で幕末の思想家に大きく影響を与えたと言われている。とくに象山への影響は大きかったようである。文政六年(一八二三)藩主となった真田幸貫の果たした役割も無視できない。幸貫は『四書』『五経』(16) を奨励し、成績優秀なものには褒賞を与えるという熱の入れようであったと言われている。さらに英の精神的支柱になったのは伯父横田九郎左衛門である。九郎左衛門は文武両道を修め、とくに躾に厳しく、礼儀正しかった人で知られ、英の母亀代は子供たちを躾るのによく伯父九郎左衛門のことを引き合いに出したと言われている。(17)

松代に一歩足を踏み入れると、この地がいかに精神的に高かったかを肌で感じることができる。文武館をはじめ、真田邸、真田宝物館、旧横田家を垣間見れば、英が育った時期が想起されてくる。いわゆる儒教あるいは朱子学的土壌で育ったと言っていいであろう。象山の言う「東洋道徳」である。象山は「西洋芸(技)術」を高く評価したが、その西洋技術の成果は象山記念館を訪れるならば更に明瞭である。英も象山とよく似たところがあるが、象山ほど西洋一辺倒なところはないように思われる。どちらかと言えば、横井小楠に近いのかも知れない。(18)

(二) 一等工女の誇り

では、英の工女としての誇りはどこで養成されたのか。それを物語ってくれるのが『我母之躾』である。この点についても『近代群馬の思想群像』で触れているので[19]、ここでは別の側面からみておくことにしよう。『我母之躾』は全三一話から構成されている。いずれも人が守らなければならない一般的な事ばかりである。それは、『大学』がいう「三綱領」、「八条目」であり、そのなかでも「修身」ということになるであろうか[20]。つまり、身を修めることを母から躾られたわけで、具体的には「誠意」「正心」が行動の基本となっているということである。母亀代の子育ては儒教道徳を基本に置いているため、現代では封建社会の代名詞のように言われかねないほど厳しい。たとえば、「目上の人は尊敬せよ」とあるが、その中身は「どんな人でも目上の人には」と続く。どんな人でも目上の人に口答えしようものなら厳しく叱られたというから、封建的すぎると思うかもしれない。この厳しさが工女として活きてくる。英が富岡製糸場でリーダーとして活躍できたのも、真田の里、真田藩の精神構造さらに横田家の家風が大きく影響したからと思われる。それが「我が母の躾」であった[21]。

英の精神構造を別の側面から見ておこう。富岡製糸場は「富国強兵」のもと国家の威信をかけての大事業であった。それには「西洋芸（技）術」は承認しなければならない。英はそれを否定はしない。むしろ積極的に取り入れ良質の糸を取る必要があることを力説する。六工社での英の糸取りへの情熱が、このことを端的に物語っている。だが問題は、もし西洋技術だけであるならば、近代工女の真の姿は何だったのかになりかねない。富国強兵のため手段として使い捨て同様におかれただけではないのか。だとすれば、英の存在さらに近代日本をリードした工女は現在どう評価すればいいのか。やはり、英も「和田スタンダード」に誇りをもってあたっていたと見るべきである。それが富岡製糸場で発揮されリーダーとしての存在、他人を思う赤心であったと言えるであろう。と同時に、よい糸を取るという情熱は母亀代からの躾の賜であったと言える。それは象山流に言えば「東洋道徳」を基本に据えたということではなかろうか。

母からの躾が発揮されたのは同僚鶴子が病気に罹った時の看病である。[22] 若き工女たちは異郷の地ということもあって、風土になじめない者も多く、鶴子のように脚気になって苦労したり、環境変化によって病に陥った者も多数いたに違いない。[23] 英の献身的な看病が鶴子の一命を取り止めた。富岡製糸場ばかりではなく、近代日本の工女の姿を考えたとき、英のような工女もいたということは、日本の誇りでもあろう。ややもすると、八升取り（糸取り）、つまり西洋技術の方に目が向きがちである。富国強兵の基礎であると信じている英にとってそれを否定するつもりは毛頭ない。それどころか、近代技術の導入を高く評価した昭憲皇太后やブルューナ夫人を尊敬の目差しで見ているではないか。

㈢ 誠の実学

英が近代日本の製糸業を支えるという気概をもったのは、富岡製糸場よりむしろ松代の六工社である。二、三事例をあげておこう。大里忠一郎と工女たちの間に立って苦悩する英の姿である。糸取りは弥平も言うように、良質の繭、肉づきのいいそれも光沢がいいものが糸目を多く出すし、糸取りも楽である。ところが、繭が小さく肉づきの悪い物は取りづらい。そこで工女は大里忠一郎に注文をつける。六工社は民間会社で富岡製糸場と比べものにならない、満足に蒸気を焚けないため糸取りに苦労する。英は大里に対して富岡での糸取りの実態を述べ改良を促すと同時に、工女に対しても悪い繭でも取れるようにと要求する。(24) これはすでに工女の責任を超えていると言っていいであろう。英は富岡製糸場で鍛えた技術と松代で培った理念を近代日本に活かそうと本気で考えている。だから、大里に対してもいいかげんな糸取りに苦言を呈することも忘れなかった。これは弥平が気概をもって近代日本の蚕種業を一身に引受けたのと同様、工女としてのその気概を示そうとしたからにほかならない。

これも有名な話である。というのは、富岡帰りの折り紙つきの一等工女としての英のプライドが許さなかったからである。忠一郎の妻里子が煮た繭で糸を取っているのを見て、富岡帰りの工女が注文をつけた件である。工女たちから注文の代弁者が英であった。繭はそのままでは糸に取ることはできない。なんらかのかたちで柔らかくし糸を取りやすくする必要がある。農家が副業として取ったのは座繰であったため、繭を茹で柔かく品質のことを考えずに取った。農家の副業であるならそう問題にはならない。しかし、糸が均質でないため、英が言うように節くれだっている。いわゆる糸にむらが出るからである。それは繭を煮るからであって、繭がふやけてしまうためどうしても均質というわけにはいかない。里子夫人は蒸気でとったことがなかった。忠一郎の助言によって目が切れるのを恐れたからである[25]（以下引用は同じ）。

　だが富岡シルクを経験した英にとって節くれだった糸は多少目が余分に出たとしても、西洋の基準つまり当時のグローバル・スタンダードには不適格である、というのが富岡帰りの工女の言い分であった。要するに、玉繭から取った糸になってしまう。煮て取るのであるから、蒸気で蒸して取るのとは品質の点において勝負にならない。そこで、英は横浜へ出して判定をあおげと迫ったわけである。後の女工哀史とは大きな違いを見せる。つまり、富岡スタンダードを採用せよというのである。こんな節くれだった糸を取っていたのでは六工社の恥になる。六工社が世界の物笑いになるというのである。グローバル・スタンダードを念頭においた英らの注文を忠一郎は受けざるをえなかった。とは言え、客の「目方が切れる」の注文に蒸気蒸しの糸を手がけたことのない里子夫人に、富岡帰りの前で取らせたのであるから、英も述懐しているように、里子夫人の心中を察したならば余りあるものがあったに違いない。近代日本の製糸業を支えた工女の心意気がいかに素晴らしかったかは、この事例でわかる。その精神は英も強調するように、富岡で培われた。伝習工女と言われたゆえんである。

　『富岡後記』に英の心意気が全篇にわたって示されている。近代日本の製糸業を支えた工女の精神構造がどこにあったかを知るには、『富岡日記』よりもむしろ『富岡後記』の方がよい。なぜならば、田島弥平が自然飼育法によって養蚕業を展開したのと同じ論法で製糸業に取り組んだからである。英は『富岡後記』で当時の相場を回想してつぎのように述べている。「六工社初売込みの六百五十枚は現金千八十三円三十銭に相成ります。座繰の四百五十枚は七百五十円に相成ります」。座繰ではなく蒸気取りの方がはるかに有利であると言っているわけで、座繰の場合上繭を使ってもこの程度にしか評価されないのに、蒸気取りは下等な繭でも高く評価される。英が製法に問題があると詰寄ったのは、市場が評価するであろうことを見抜いていたからである。忠一郎とてそれを知らなかったわけではなく、蒸気取りのできない里子夫人に座繰で取らせたのであるから、富岡帰りの工女の前ではどうにもならなかったし、英も述懐しているように、市場がそのことを証明してくれたことになる。

売り込み後の六工社は、六工社のスタンダートを世界に示したことになる。「六工社とさえ申せば生糸では並ぶものがいないと人びとに思われるようになりました。あたかも日の昇るが如き有様でした。僅か半年も立たぬ間にかくまで相変わるものかと、ただただ驚きの外はありません」。六工社に入った頃、「ぶた、ぶた」と言われ、またその当時流行した歌は「やめておくれよ西条のきかい、末は雲助丸はだか」、とその行く末が案じられたが、六工社のスタンダードによって隆盛をきわめるようになると「人は正直なもの」で「その後私共が通りましても『豚』とは申しませんん。『末は雲助』の歌も聞きませぬ。……私共の喜びはどのようなものでありましたろう」。

英はつぎの二点を述懐し『富岡後記』を閉じている。一は「この上ともますます勉強して製糸場の隆盛になりますよう」、二は「富岡製糸場の御名を揚げたい」であった。英は大正二年これを書き記しているから約四〇年前である。(26) 英が富岡へやってきたのは明治六年三月であった。約一年四カ月ばかりの富岡での修業であった。翌七年七月に六工社のリーダーとして、副社長忠一郎にグローバル・スタンダードを背景として六工社のスタンダードを強く要請したわけであるから驚きというほかはない。六工社に勤めたと言ってもまだ二〇歳そこそこの年齢、今では大学一、二年の女学生である。その英が世界を見すえて糸をとり、富岡を担ったということであるから、その精神構造は松代の気風、真田藩の藩情、横田家の家風が大きく影響しているとみななければならない。英も「東洋道徳」の上に「西洋芸（技）術」を取り込んだと考えていいであろう。「誠」の道は製糸業という富国の道に貢献したが、これまた「人の道」として誠を貫いたと言っていいのではなかろうか。

英の父も『大学』から教えを受けたと述懐しているところをみると「修身」、「斉家」、「治国」、「平天下」あるいはその前段の「誠意」、「正心」、「格物」、「致知」などを父から教えられたのではないかということは、容易に想像がつく。現実に「躾」として母亀代から学びとったと考えることができよう。それにしてもこの二〇歳そこそこの女性がグローバル・スタンダードを前にして、糸取りの品質向上に精を出したという財産は特筆していい。富岡製糸場に英がいたことの意義は、その後の近代日本の足跡を考える時、また、近代群馬の製糸業の展開を考える上で、きわめて重要であると言わなければならない。

四　渋沢栄一『論語と算盤』

(一)　日本資本主義の父

渋沢栄一資料館提供

これまで、田島弥平、和田英の養蚕・製糸業に取り組むすがたを見てきた。両者に共通していることは「西洋器械の術」は承認するが、東洋に固有な人間の生き方を西洋のそれに合わせようとはしていない。グローバル・スタンダードは受け入れなければならないが、それは技術上のことであって、取り組む姿勢は「東洋道徳」をすえていたと考えていいであろう。つまりグローバル・スタンダードを受け止めるだけの素養があったということである。横井小楠に言わせれば、グローバル・スタンダードだけでは「心徳がない」ということになるかも知れない。

二人の西洋観を横井小楠に代弁してもらおう。和田英はともかく、田島弥平にはそうした気概があったと言えるであろう。『沼山閑話』にはつぎのようにある。「西洋の学は唯事業上の学にて、心徳上の学に非ず。君子となく小人となく上下となく唯

渋沢栄一生家

事業上の学なる故事業は益々開けしなり。其心徳の学無き故に人情に亘る事を知らず。交易談判も事実約束を詰るまでにて其詰る処ついに戦争となる。戦争となりても事業を詰めて又償金好和となる。人情を知らば戦争も停む可き道あるべし。華盛頓一人は此処に見識ありと見えたり。事業の学にて心徳の学なくして西洋列国戦争の停む可き日なし。心徳の学あって人情を知らば当世に到りては戦争は止む可なり」(27)。

小楠がこれを述べたのは慶応元年(一八六五)である。田島弥平や和田英よりはるかに早いし、識見という点においてもはるかに深い。だが、弥平、英は事業上において「堯舜孔子の道・西洋器械の術」を肌で感じ取っていた。横井小楠は朱子学を究極まで煮詰めることによって「西洋芸(技)術」の限界を見抜いていたが、両者とも人間の生き方に「誠」をすえて事業を展開していったと考えていいであろう。

富岡製糸場の産みの親ともいうべき渋沢栄一についてもそうしたことが言えるし、富岡製糸場開設時の初代工場長尾高惇忠についても、同じことが言える(28)。藍香と青淵つまり惇忠と栄一が富岡製糸場創設に関わったことは、近代群馬の製糸業の展開にあたって特筆していい。なぜならば、渋沢は日本資本主義の父と呼ばれているように、近代日本の出発にあたってその影響力が大であったからである。と同時に、渋沢も「西洋器械の術」は承認するが、「東洋道徳」、『論語』を忘れなかった。藍香は栄一よりも一〇歳年長者であり、栄一が七歳の時『論語』その他を教えたというから、すくなくとも幼少から青年時代にかけて藍香が栄一の実質的な師であったとは言えるだろう。島村からそう遠くない深谷市に藍香、青淵の生家が今も往時の面影を伝えている。渋沢の生家はつい最近まで栄一の意志を継いで留学生たちに日本語を教え、その伝統を守っていた。

青淵と藍香の違いは、海外生活の経験からくる世界的視野での対応にあると言える。事実渋沢は徳川昭武の随行員としてフランスに渡るが、その経験が明治以後栄一の生き方を変えることになる。富岡製糸場が創設されるのも青淵・栄一の尽力によろうし、ブリューナ招聘も栄一であったことを考えれば、やはり栄一は富岡製糸場の生みの親であったと言っていい(29)。尾高惇忠が初代工場長として経営に当たったことは、富岡製糸場にとって幸運であった。英が「尾高様」と尊敬の念を抱いたり、鶴子が病気になり看病疲れを気づかってくれたのも尾高所長であった(30)。その尾高は早くから『大学』をはじめ『四書』『五経』を修め、経営の根底に「至誠」をおいていたと考えていい。栄一もまた然りである(31)。

栄一がフランスから持ち帰ったのは資本主義の精神であった。第一はフランスの株式組織、合本主義である。この合本主義が富の増加をもたらしているという。第二は官尊民卑の思想がないこと、とくにビジネスマンが高い地位についていること。第三は企業経営者が慈善事業、ボランティア活動を行っていること。以上のような点を学び、一時官に就くが、一貫して民の立場から日本の近代産業をリードしていった。その一つが富岡製糸場であった。

(二)『論語』経済論

栄一もやはりグローバル・スタンダードを承認する。だが、それを支えたのはあくまでも『論語』である。「東洋道徳」を忘れなかった。いわゆる「道徳経済合一説」である。渋沢に『論語と算盤』という有名な書物がある。一節を紹介しておこう。「今の道徳に依って最も重なるものというべきは、孔子のことについて門人たちの書いた論語という書物がある。これは誰でも大抵読むということは知っているが、この論語というものと、算盤というものがある。これははなはだ不釣合で、大変に懸隔したものであるけれども、私は不断にこの算盤は論語によってできている、論語はまた算盤によって本当の富が活動されるものである。……これが完全でなければ、その富は成さぬ、その富を成す根源は何かといえば、仁義道徳、正しい道理の富でなければ、その富は完全に永続することはできぬ、ここにおいて論語と算盤という懸け離れたものを一致せしめることが、今日の緊要の務と自分は考えているのである(32)」。

『論語』を経営の基本にすえた渋沢の経済思想は、尾高惇忠を通してその経済政策、富国策に十分活かされたことは想像に難くない。渋沢は尾高より一〇歳も若いので、幼少、青年期に尾高の影響が強かった。その尾高に影響を与えたのが栄一と共通の師渋沢宗助である。尾高や栄一は宗助の知遇を得た儒者菊池菊城の影響を受け、「本財精舎」で学び、惇忠と共に行動の基本に『論語』をすえることになったのである。そういう意味で、栄一や惇忠の思想と行動は当時儒学が隆盛をきわめた先進的な血洗島を無視しては語れない[33]。この点、和田英の松代とよく似ている。と同時に、この地が養蚕が盛んであったことも見逃してはならない。栄一の伯父渋沢宗助は『養蚕手引抄』（安政二：一八五五年）を出版するほどの養蚕通であった。栄一が後に大隈重信、伊藤博文に語った養蚕談義は実はこの頃の体験によるものである。もちろん藍香とて同じである。とすると近代日本の製糸業の、そしてその先導役を務めた富岡製糸場の決定は渋沢栄一によって、初代工場長となった惇忠によった、と考えると、この地がいかに先進的な地であったかがわかる。

栄一が近代製糸業の産みの親でありえたのも、フランスに渡ったことが大きな要因をなしている。フランスから帰国した栄一は、合本主義（資本主義）を唱導するようになる。本来ならば、官による合本主義の展開は賛成ではないが、帰国直後一時官に仕えたことを考えれば、富岡製糸場設立にあたっての政府高官への進言は、自然の成り行きと考えていいであろう。後に渋沢は官を辞し、民間人として近代資本主義のために尽力することになるが、五〇〇にも及ぶ企業と関係した青淵を支えたのは『論語』による経営であった。

さらに渋沢が晩年力を注いだのは慈善事業で、六〇〇団体にも及ぶ慈善事業と関わったと言われるが、それは『論語』の仁愛や忠恕などを基本としているということである。その渋沢がこう述懐している。「ゆえに私は人の世に処せんとして道を誤まらざんとするには、まず論語を熟読せよというのである。現今世の進歩にしたがって欧米各国から新しい学説が入って来るが、その新しいというのは我々から見ればやはり貴いもので、既に東洋の数千年前に言っておることと同じものを、ただ言葉の言い廻しを旨くしているに過ぎぬと思われるものが多い。欧米諸国の日進月歩の新しい

尾高惇忠生家

ものを研究するのも必要であるが、東洋古来の古いものの中にも棄て難き者のあることを忘れてはならぬ[34]」。その捨て難いものが『論語』である。あるいは東洋の古典と考えていいであろう。惇忠と共に『論語と算盤』を基本とした思想が、近代資本主義の出発にあったことは、幸を得たものであると言えよう。

尾高も『四書』、『五経』に精通している。栄一と同じ視点に立っているし、養蚕、製糸業に精通している。尾高が富岡製糸場の初代の工場長に選ばれたのは、近代日本の出発にあたって幸した。それが証拠に英は『富岡日記』で「尾高様」という言い方を何度もしている。それは他の人達にも同様な言い回しであるが、操業当時二〇歳にも満たない工女予定者に工場長自らが案内したり、同僚鶴子の看病について英の看病疲れを心配するほど、尾高惇忠は「至誠」をもって接している。さらに、『富岡後記』になっても、六工社の糸取りに不満を抱いた英は「富岡帰り」の一等工女の誇りもさることながら、「尾高様へ対しても済みませぬ[35]」と言っているが、この件を垣間見ても、尾高惇忠がいかに工女に尊敬されていたかわかろうというものである。

近代日本の出発にあたって、経営者も一介の工女も「堯舜孔子の道」「東洋道徳」を信じ、その上で「西洋器械の術」、「西洋芸（技）術」を取り入れようとした。弥平にも英にも、そして青淵、藍香にもそれは共通していた。近代群馬における製糸業の発展にあたって、そうした理念から出発したことは誇りとしていいであろうし、「西洋器械の術」、「西洋芸（技）術」に振り回されている今日、弥平、英、栄一、惇忠などの気概を再評価する必要があろう。

(三) 忠恕一貫

その後日本の養蚕・製糸業はどう展開していったであろうか。端的に言えば、量的拡大を伴って、富国強兵に貢献していくことになる。「西洋器械の術」と共に国富が増加し兵力も強化され、そのことが国富を一層増進させ、同時に工女が女工に変わっていく。「堯舜孔子の道」が入り込む余地はなくなっていった。一介の工女が経営改善に口をはさむなどということは夢のまた夢になっていく。経営者は富国強兵のため「東洋道徳」などと言ってはいられなくなる。「算盤」のため『論語』など持ち出す余裕がなくなっていく。

渋沢はそのへんのところをこう述べている。「我々にも明治六年頃から物資文明に微弱ながらも全力を注ぎ、今日でも有力な実業家を全国到るところで見るようになり、国の富も非常に増したけれども、いずくんぞ知らん、人格は維新前よりは退歩したと思う。否、退歩どころではない。消滅せぬかと心配しておるのである。ゆえに、物資的文明が進んだ結果は、精神の進歩を害したと思うのである[36]」。

換言すれば、当時のグローバル・スタンダードに精神もおかしくなってしまった、と渋沢は述べているわけである。問題はそれを受け止める日本の精神文化、いわゆる東洋道徳の方にある。渋沢は具体的に『論語』に求め、孔子の言葉をそのまま借り、「私の処世の方針としては、今日まで忠恕一貫の思想でやり通した。古来宗教家道徳家というような碩学儒がたくさん排出して、道を教え法を立てたけれども畢竟それは修心―すなわち身を修めるという事に尽きておるだろうと思う(37)」と強調している。

まさにそのとおりである。英もこの点において具体的に石田梅岩の心学を想起させるような態度をとっている。「私共のような学問の教えを受けぬ時代の若き娘などには神信心は誠によいことと存じます。とかく気の変り安き頃、毎朝神を祈ります時は決して嘘偽りは申しませぬ。神に向かって必ず我が本心を打明けます。その本心を神の前で曲げたことは申されませぬ。朝誠を神に祈り、その日曲ったことを心にも思う訳には参りません(38)」。

田島弥平はどうであったか。「天地は生生を持って徳とす」。天地自然の性による世界観と考えていい。これを「中庸」によって補足するならば、「天の命ずるこれを性と謂い、性に率うこれを道と謂い、道を修むるこれを教えと謂う(39)」ということになる。田島弥平の世界観と考えられる。

近代日本の出発にあたって、近代群馬の養蚕・製糸業に関わった田島弥平、和田英、渋沢栄一(40)は、グローバル・スタンダードは承認するが、それに対して東洋思想あるいは手持の思想でしっかりと受け止め、富国の道を考えた。その後、近代日本は悲劇の道を驀進することになるが、たんなる富国強兵ではない手持ちの思想によって、近代日本の養蚕・製糸業が展開されたことは群馬の誇りとしていい。バブル崩壊後グローバル・スタンダードに翻弄されている日本に大きな指針を与えずにはおかない。

五　偉大なる先駆者

(一)　起業家精神

産業構造が大きく変化し、かつて近代日本をリードしてきた養蚕・製糸業の雄姿は、今の群馬にはない[41]。面影として残るのは、近代化遺産としての建物などである。富岡製糸場をはじめ、県下一帯がかつてシルク・カントリーをほしいままにした遺産は、いまでも散見でき、当時いかに隆盛を極めたかを垣間見るのに不自由はしない[42]。

だが今日、近代化遺産である建築物を支えたエートスを強調しておく必要がある。でなければ、前橋乾繭の閉鎖に代表される蚕糸業のシンボルの消滅は、「かつて群馬にも近代日本をリードした蚕糸業があったのか」で終わりかねないからである。これでは余りにも淋しい。しかし、エートスに目を向けるならば、いかに素晴らしいかが改めて認識できよう。物質的にシンボルが消滅していくのは、産業構造の変化についていけないという側面があるためいたし方ない。だが、精神的側面はむしろ逆に光輝いているだろう。近代化遺産の一側面をエートス論として後世に伝えておく必要があるだろう。そのエートスは文化論として位置づけてもいい。そして、文化論は混迷し、先が不透明な今日であるからこそ、強調しておかなければならないと考える。この先群馬でどのような産業、事業が展開されるにしても、田島弥平、和田英、渋沢栄一の起業家精神は高く評価していい。

これまで三人の起業家精神のエートスを探ってきたが、当時、三人以外にも同じような考えを持った人たちは何人もいた。たとえば、大渡製糸所の勝山宗三郎[43]、水沼製糸所の星野長太郎[44]、碓氷社の萩原鐐太郎[45]などは、先の三人にけっして劣るものではない。さらに時代は下るが、富岡の私立北甘楽養蚕伝習所の佐藤国太郎、私立児童社会産業学校の荻原千代吉[46]もそうである。

これらの人たちに共通しているエートスは、なんと言っても、世界に目を開いていたということであろう。とくに、田島弥平、和田英、渋沢栄一はそうであった。弥平はイタリアに向けて大きく窓を開けていたし、英は横浜などの港をとおして世界に目を向けていた。渋沢はフランスへ行き、早くから西洋の文物に関心を寄せ、技術、方法は学ばなければならないと考えていた。横井小楠流に言えば「西洋器械の術」ということになる。いわゆる「西洋技術」である。だが、三人に共通している点は、けっして西洋合理主義一辺倒にはならなかったことである。精神（エートス）は、日本の方が上であると思っている。というより、西洋技術を「東洋道徳」で支えなければならないと考えている。たとえば、英について「東洋道徳」を見出すにはかなりの抵抗があるかも知れない。なんとなれば、弥平や栄一のような「西洋器械の術」は見出せないし、ましてや二〇歳そこそこの工女にそこまで期待するのは無理ではないかというものである。だが、果たしてそうであろうか。

たしかに二人に比べると儒教や朱子学の学問論としての書き物はない。いわゆる学者風のところはない。だが、『富岡日記』、『富岡後記』あるいは『我母之躾』などに書かれてある文面から、「東洋道徳」を十分読み取ることは可能である。具体的に、『大学』論が出てくるが、『大学』を含めて当時の必須科目であった『四書』あるいは『五経』からの影響は無視できない。二宮金次郎少年が仕事の合い間に『大学』を修めたように、英もやはり横田家を取り巻く学問的な風土から、生きた学問を学びとったと考えていいであろう。

(二)　惻怛の至誠

三人に共通していることは、「至誠」であった。蚕糸業を誠の営みとして展開していることである。換言すれば、「西洋技術」を誠の精神が支えていたということである。これは誠の精神がなくなれば「西洋技術」はかえってマイナスになってしまう考え方である。節くれだった糸では駄目であるし、算盤がたちすぎても困る。自然を無視した飼育法では限界につきあたってしまうということである。つまり、誠の営み（自然、天道）としての天の道、自然の道のなかに、人間の営みを示そうとしたからにほかならない。『中庸』はこう述べている。「誠は天の道なり。これを誠にするは人の道なり。誠を勉めずして中《あた》り、思わずして得、従容として道に中る。聖人なり。これを誠にするは善を択《えら》んでこれを固執する者なり」。

三者とも誠の道を蚕糸業に見出した点は、二宮尊徳が誠の大道を貫いた精神と相通じるものがある。だから、弥平にしても英にしても私欲を極度に嫌った。栄一もそうである。「算盤」ばかりではやりきれないからである。換言すれば私道を嫌ったわけである。公道を歩め、ということになる。

弥平は性に率うことを強調している。性とは、天が命じたものであると『中庸』はいう。「天の命ずるこれを性と謂い、性に率うこれを道と謂い、道を修むるをこれ教えと謂う」。この場合、天の解釈はいろいろあるが、これを尊徳流に天道と解釈すれば、天から与えられた範囲つまり自然である。弥平が性に逆ってはうまくいかないとして、自然飼育法を強調したのは、性に逆ったのでは道筋がつかないことを悟ったからであり、それでは教えが立たないとみなしたからで、換言すれば、「誠の道」が歩めないと考えたからである。『中庸』はさらに敷衍しつぎのように述べている。「誠よりして明なるこれを性と謂う。明より誠なるこれを教えと謂う。誠なれば則ち明なり。明なれば則ち誠なり」。弥平の蚕糸業の展開が、人の道としての「誠の営み」を実践したかがわかるというものである。

では、英はどうであったか。一等工女の誇りとして英もやはり「性を尽くす」ことを忘れなかった。「性を尽くす」とはどういうことか。簡単に言ってしまえば、私欲をかかないことである。天道に従うことである。「節くれだった糸」で、目先の利益を追わないことである。つまり、「本然の性」をいかんなく発揮することであると言い換えてもいい。「気質の性」つまり欲望、それも私欲を抑えることによって、誠の道を尽くすと言ってもいい。英にはそれがあった。とくに六工社での製糸改良にかたむける情熱は、富岡仕込みの一等工女のプライドを見ればよくわかる。『中庸』はこう述べている。「唯天下の至誠、能くその性を尽くすことを為す。能くその性を尽くせば、則ち能く人の性を尽くす。能く人の性を尽くせば、則ち能く物の性を尽くす。能く物の性を尽くせば、則ちもって天地の化育を賛すべし。もって天地の化育を賛すべければ、則ちもって天地と参すべし」。

英がどこまで「性を尽くす」ことによって天地の化育を意識していたかは別にして、英の行動は「性を尽くして」天地の化育に報いるものであった。尊徳流に言えば報徳ということになろうが、英が性を限りなく尽くしていたという点では、弥平の「性に率う」と同レベルのものと考えていいだろう。その限りで、英は六工社で「本然の性」をいかんなく発揮したのである。

最後に渋沢栄一はどうであろうか。栄一は朱子学、宋学とは一線を画しているが、やはり広く儒教思想となると前二者となんら変わるところはない。渋沢は実業家だけではなく、慈善事業家としての側面をもっていたことは既に述べた。これは早くもフランス留学の経験によるものであるが、この時期慈善事業に目を向けている点は大書していい。渋沢は『論語』を推奨している。石田梅岩が商人の正当性を「性を明らかにする」という大きな視点から位置づけたように、栄一は富の正当性を位置づけた。それは天下公道という立場からの富の正当性である。わかりやすく言えば、徳に裏づけられた富ということになる。徳を離れて富はない。人の道にはずれた富は真の富ではない。栄一は自ら富と貴は私には無縁であると言っている。この場合の富と貴はもちろん不義の富貴である。『論語』はこう述べている。「子曰く、富と貴きとは、これ人の欲するところなり、その道を以てせざれば、これを得るも処《お》らざるなり。貧しきと賎しきとは、これ人の悪むところなり、その道を以てせざれば、これを得るも去らざるなり。君子仁を去りて悪にか名を成さん、君子は終食の間も仁を違ることなく、造次にも必ず是に於てし、顛沛にも必ず是に於いてす」。

だが、現実となると富貴にはしる。価値が大きいと考えているからである。だが、不義の富貴は逆効果である。にもかかわらず、富貴が価値尺度になってしまっている。栄一が嘆いたのは不義の富であり貴きであった。ここには、「慈善」、「性を尽くす」、「性に率う」などという発想はない。あるのは富の函数としての経済主義、マモニズムである。栄一が貨幣主義による人間性の堕落を嘆いたのは、不義の富にはしる近代の歩みそのものであった。

(三) 偉大なる先駆者

今日、群馬の養蚕・製糸業は風前の灯と表現してもいい。それほど衰退の一途を辿っているし、また辿りつつある。かつて、近代日本をリードした面影はない。これも産業構造のなせる業であるが、しかしその輝ける精神は不滅である。いや、近代日本一三〇年の歩みで気づいたことは、誠の精神をすえた起業家精神である。バブル経済が崩壊し、その処理に苦悩している現実を見るとき、誠の実学がいかに重要であるかを改めて認識しなければならない。こうした時、田島弥平、和田英、渋沢栄一らのエートスは、行き詰まって方向転換しなければならない今日であればこそ、強く訴えるものをもっていると言わざるをえない。そういう意味で、群馬は養蚕・製糸業を通して偉大な先駆者をもったと言っていい。

この輝ける資産は、時代がどう変化しようとも、また産業構造がどう変化しようとも不変であるように思える。なぜそうなのかと言えば、すでに三人が身をもって展開しているのをみてもわかるように、天地人一体の仁つまり誠の実学を根底に据えているからにほかならない。誠の道を経済活動の原点に据えているからである。それは性に率う教、道であるから普遍的である。となれば時、処を越えて訴えるのは当然である。

"The past is ahead"という言葉がある。経済活動はややもすると前にばかり目が向きがちである。将来のことばかり考えがちである。こうした視点に立てば、近代群馬の養蚕・製糸業は完全にpast過去であり、何の意味もなさなくなってしまう。群馬の養蚕・製糸業はよかった、で終りになってしまう。だが、pastはaheadであるという。過去は前進している。一歩抜きんでているということ。こうした視点に立てば、近代群馬の養蚕・製糸業はけっしてたんなる過去ではない[47]。文字どおり、一歩進んでいることになる。それがここに取り上げた偉大なる先駆者の真意である。

【注】

（1）横井小楠『国是三論―富国論』万延元年、『横井小楠関係史料　Ⅰ』日本史籍協会、東京大学出版会、昭和五二年。

（2）田島弥平『養蚕新論』明治五年、『明治農書全集』第九巻「養蚕、養蜂、養魚」農山漁村文化協会、昭和五八年、三三一頁。

（3）横井小楠『国是三論―富国論』四二一頁。

（4）田島弥平『養蚕新論』三四頁。
（5）自然飼育法を提唱する弥平のこの方法は動物にも人間にもあてはまる。最近の経済合理主義にはしる教育界の現状は、自然法を無視しているからではなかろうか。社会の歪みによる自殺、管理職などの自殺があとを断たない現実がこのことを端的に物語っている。最近の統計では自殺者が交通事故死の倍ほどになっている。自殺者が二・四万人にものぼるというのは尋常ではない。とくにバブル崩壊後は管理職の自殺が増えている。経済合理主義の犠牲者と考えていいであろう。こうした風潮を反映して、五木寛之『大河の一滴』（幻冬舎、平成一〇年）がベストセラーになっている。氏は屈原と漁師のやりとりをつぎの詩で結んでいるが、現代社会に通じるものがある。紹介しておこう。

滄浪の水が清らかに澄んだときは
自分の冠《かんむり》のひもを洗えばよい
もし滄浪の水が濁ったときは
自分の足を洗えばよい

人間の自然（本性）を無視したのでは、人間とて自然の一部であるから、合理主義それも経済合理主義についていけない。弥平の自然飼育法は、「性」に率うというから、この点をきちんと見抜いていたに相違ない。

もう一つの事例を紹介しておこう。北海道の酪農家についてである。普通搾乳は一日に二度、つまり朝夕の二回が乳牛の体に合っていると言われている。だが、莫大な負債をかかえた若き酪農家は、借金返済のために一日三回搾ることにした。ところが、三回も搾られた牛に異変が起きた。病気が続出し、搾乳どころの話ではなくなった。三回搾りのため母体がもたなくなり、障害が生じ乳牛の生殖機能が麻痺してしまうのは当然である。三回搾りの限界を悟った若き酪農家は、原点に復って土づくりから始めることにしたというから、それも自然飼育法を無視したための当然の帰結と言っていいであろう。

弥平が生きていたならば、最近のクローン羊、クローン牛などをどう評価するであろうか。工業製品と同じ手法で動物を資本財と見たて、設備資金を一刻も早く回収して経済効率をあげようとする方法が、どう見ても自然の理に叶っているとは思えないからである。弥平が動物も人間も同じである、と強調している自然飼育法は、そのまま自然教育法にあてはまる。現代的自然像、現代的社会像がいたるところで限界に来ている今日、弥平の自然飼育法は傾聴に値いしよう。

(6)　田島弥平『養蚕新論』二九頁。

(7)　同右、三一〜三二頁。

(8)　横井小楠は交易論について、こう述べているが、弥平と同じ視点に立っていると考えていい。

「通商交易の事は近年外国より申立てたる故、俗人は是より始りたる如く心得れども決て左にあらず。素より外国との通商は交易の大なるものなれ共其道は天地固有の定理にて、彼人を治る者は人に食はれ人を食ふ者は人に治らる、といへるも交易の道にて政治といへるも別事ならず。民を養ふが本体にして、六府を修め三事を治る事も皆交易に外ならず。先ず水・火・金・木・土・穀といへば山・川・海に地力・人力を加え民用を利し人生を厚ふする自然の條理にして、堯舜の天下を治るも此他に出でず。九川を決り四海に注ぎ畎澮を濬し川を距り有無を遷し居を化す皆水路を開き舟楫を通じ、民をして粒食を得せしむ交易の政事にて、就中禹貢には土地の性質によりて金・銅・鉄を初蚕桑・染糸其外所有物産を開き河海山沢を通利し貢賦の制を定られたる大交易の善政不績は勿論にて、八政にも食貨を先にして、九経も庶民を子とし百工を来すの事あり、是等皆大聖の定められたる善政仁政にて万世に亘り永く頼るべき大経大本也」（横井小楠『国是三論―富国論』三八頁）。

これだけでは誤解を招きやすいので、交易について「人為を以て私する事」のない旨を強調しているので、それを紹介しておこう。「天地の気運と万国の形成は人為を以て私する事を得ざれば、日本一国の私を以て鎖閉する事は勿論、たとひ交易を開きても鎖国を以て開く故、開閉共に形のごとき弊害ありて長久の安全を得がたし。されば天地の気運に乗じ万国の事情に随ひ、公共の道を以て天下を経綸せば万国無碍にして今日の憂る所は惣て憂るに足らざるに至るべきなり」（前掲書、三三頁）。

さらに小楠の晩年の論策『沼山閑話』（慶応元年）について触れておこう。「堯舜三代の心を用ゆるを見るに其天を畏敬なり。別に教えと云ふと此心を持するに非ず。故に其物に及ぶも現在天帝の命を受て天工を広むるの心得にて山川・草木・鳥獣・貨物に至るまで格物の用を盡して、地を開き野を経し厚生利用至らざる事なし。水・火・木・金・土・穀各其功用を盡して天地の土漏ること無し。是現在天帝を敬し現在此工夫を亮る経倫の大なる如ㇾ之」（横井小楠『沼山閑話』、『横井小楠関係史料』Ⅱ、日本史籍協会、昭和五二年）九二二頁。

ここで小楠は宋学と三代つまり「堯舜孔子の道」では、格物の捉え方が決定的に異なる旨を強調しているが、ここでは触れないでおく。なお、この点については、拙著『経済倫理学叙説』（日本経済評論社、平成九年）を参照。

(9)「朱子学的思惟の連続性」については触れておかねばならない。なぜならば、近代合理主義思想が限界にきている今日、さらに地球的な限界が叫ばれるようになっている現在、ぜひ強調しておく必要があると思うからである。

日本では「朱子学的思惟の連続」の解体をもって近代思想の端緒とする傾向にあるが、今日こうした風潮が見直されつつあるというのが実情のようである。「朱子学的思惟の連続性」の解体過程については丸山真男の『日本政治思想史研究』（昭和二七年、東京大学出版会）を筆頭としようが、問題は「朱子学的思惟の連続性」の解体が真に近代化の端緒なのかということである。丸山は荻生徂徠をもってその解体が完成され、日本の近代の出発であるとしているが、そうなるとその連続性を考えた小楠や弥平は思想的に後退してしまうことになる。だが、果たしてそうであろうか。天地間の生々を説き、その徳を強調する弥平の自然観はむしろ分断しないところに養蚕飼育の本質を見抜いたという点では、思想的後退ではないであろう。横井小楠の「天地間固有の定理」にも同じことが言える。むしろ最近の一連の事象を考えるとき、自然と人間が同じ土俵で論じられなければならない事を考えるとき、人間だけが例外ではいられるわけはない。人間と自然の統一性によって初めてそれぞれの真の姿が顕現されるとするならば、自然と人間の連続性の上で考えていかなければならないのは当然であろう。

朱子学は周廉溪、二程子（程明道、程伊川）のあとをうけて宋の朱熹がまとめ上げた壮大な思想体系である。丸山真男に言わせれば、その体系は「空前にして絶後」であるという。では、朱熹によって集大成された宋学すなわち朱子学とはどのようなものか。弥平が「天地生々」と言っているが、それがどのような背景の下に述べられているかを知る上で好便であるので大略触れておくことにする。

まず存在論、宇宙論から見ておこう。

物事の存在根拠は理によって展開されるが、その根拠になっているのが太極、無極と呼ばれるものである。理は気を気たらしめている。朱子に言わせれば理気論ということになる。理前気後とも言われている。この太極が陰陽に分かれて、これが木・火・土・金・水と交感することによって男女・万物が生ずるが、人間がもっともすぐれた気を配されているという。これが大略存在論の根拠である。

では、生成され存在する生物の世界はどうであろうか。万物はもちろん自然、人間の統一体であるから、ここでは自然と人間は共存していることになる。自然界と人間界は統一されているが、気の内在の度合によって万物に差が生じることになる。植物、動物、人間……という具合にである。人生論である。ここでもっともすぐれた気を宿すのが人間であるという。だが、性を与えられても必ずしもその性をいかんなく

周子大極図説

宗　晦翁朱喜註釈

日本　後学並木正詔質疑

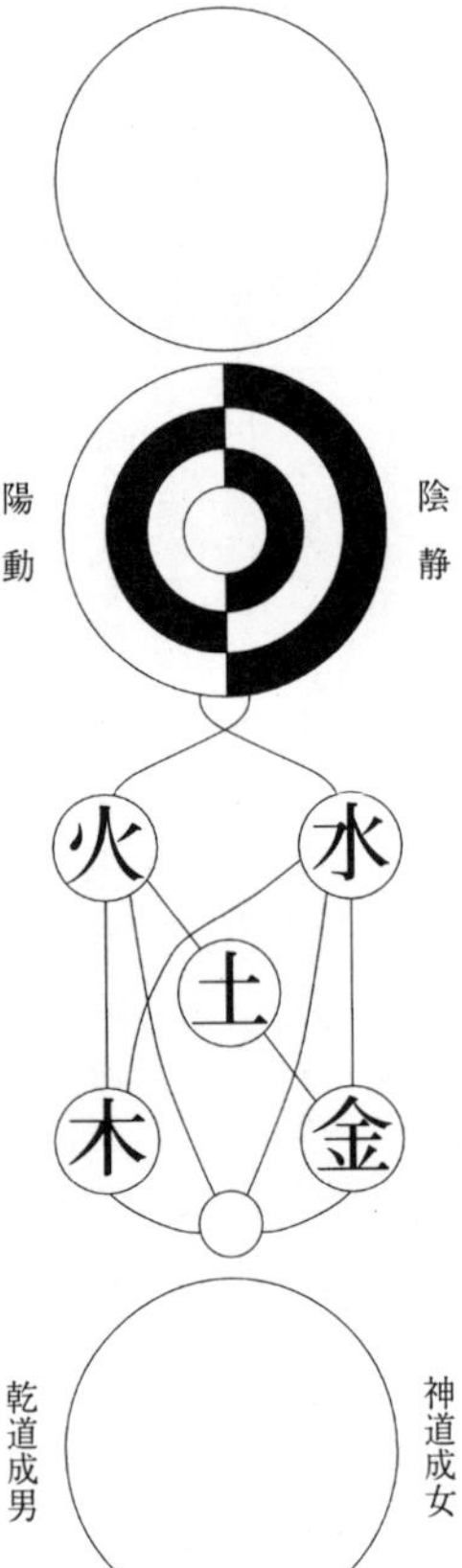

出所：並木栗水『宗学源流質疑全』吉川半七，明治36年.

発揮できるかというと、そうとは限らない。その性を努力することによって、できるだけ透明にし「気質の性」を「本然の性」に近づけなくてはならない。「気質の性」をいかに透明にするかが、実践論ということになる。「気質の性」を限りなく透明にし、欲望を抑えるためにはこの方法によって聖人にできるだけ近づく必要がある。一は主観的方法、他は客観的方法。前者が心の修養、内面を見つめる居敬で、座禅を想起すればわかりやすいであろう。あるいは茶の湯、弓の世界でも同じことが言える。他は客観的方法でこれは『大学』に言う問学による。具体的に「三綱領」、「八条目」であるが、「明明徳」、「新（親）民」、「至善」であり、「誠意、正心、格物、到知、修身、斉家、治国、平天下」である。「人皆聖人たるべし」は厳しい修業によった者のみが到達できるのであって、そうした人が天下国家を治める必要があると論じたのが朱子学であった。ここでは自然と人間が連続していることを知れば十分である。そのことは弥平の「天地は生々をもって徳とする」、「その性に逆らえば」の真意を明らかにすることになるからである。周廉溪の太極図説を示しておこう。

(10)　石田梅岩は「性を知るは学問の綱領なり」『都鄙問答』、『石田梅岩全集』一、四頁）という。「性」を明らかにすると言ってもそう簡単ではない。弥平が「性に逆えば」という性は『中庸』の「性」によるものであるが、その『中庸』には「天の命ずるこれを性」とある。「性」は天、自然が与えたものであり、これは万物に内在するから物にも人にもまた動物、植物にもある。それゆえ、「性」はそのものが持っている本質と考えていいであろう。尊徳の「徳」がこれに相当しよう。弥平がいう「性」はこの場合、物つまり自然、蚕の性と考えていい。天から与えられた本質であるとすれば逆ってはうまくいかない。つまり「性に率う」必要があると弥平は言っているわけである。それゆえ、「教」は「性」に率う必要があるし、その「教」によって道が拓ける。つまり養蚕の道が確立されると説いているわけで、それが『養蚕新論』であるというわけである。

これにたいして梅岩は人の性を強調する。天から与えられた性の具体的な展開は、実践論であって、それは五倫、五常の道に具体化される。五倫、五常の道が性であり、人の本質である。それゆえ、その性に率うことによって人の道が確立される。つまり「教」が導かれるというのである。その「教」が『都鄙問答』である。ここで、梅岩と弥平は自然、人間の別々の側面から、性、道、教を展開したと言えるが、その本質において両者に差があるわけではない。片や商業他は農業であるが、顕れる形は異なっていてもその目指す方向は同じである。尊徳と梅岩が同じ方向を目指したように、弥平も両者と同じ道を歩んでいるとみていい。

(11)　弥平は明治九年の『蚕種論』において、経済合理主義を批判し、品質の改良をあげ、世界に通用する蚕種の製造を説く。いわゆる田島スタンダードである。

ここでは明治五年の自然飼育法は語られていないが、粗製乱造、営利主義を強く戒めている。「蚕種製造上ニ於テハ、久々其品物ノ精粗ヲ論ゼザズシテ徒ニ員数ノ多少ヲ論ジ、人ノ枚アルヲ娼疾シテ己ノ拙劣ヲ顧ズ。動モスレバ轍チ束縛論ヲ主張シテ人ノ之ヲ製造セザラン事ヲ欲ス。夫今ノ時ハ何レノ時ゾヤ。万国比鄰ノ如ク四海ハ四支ノ如シ。此ノ文明ニ際会シテ尚未ダ固陋ノ夢ヲ覚ス事態ハザルハ何ゾヤ。嗟呼之ヲ聞ケバ憤々タリ。之ヲ語レバ唇破レテ歯寒シ。唯識者ノ鑒裁ヲ請ノミ」(『蚕種論』明治九年、『群馬県史』資料編、二三、近代現代七、産業Ⅰ、蚕種、養蚕、製糸、織物、一三二頁)。小楠が一六年前に書いた『国是三編―富国論』と同じ視点に立っている。言いまわしが驚くほど似ている。たとえば「支那は日本と唇歯の国なり。其覆轍目前に在て歯己に寒し坐視傍観の秋にあらず」(横井小楠、前掲書、四一頁)、という件を想起されたい。

(12) 拙稿「和田英と富岡日記」『近代群馬の思想群像』高崎経済大学附属産業研究所編、ブレーン出版、昭和六三年、ならびに「近代製糸業を支えた工女たち」同研究所編、日本経済評論社、平成元年。

(13) 恩田杢民親(一七一八〜一七六三年)は、松代藩士馬場杉羽の著『日暮硯』によって藩財政の建て直しを図ったと言われている。『松代――歴史と文化』信濃毎日新聞社編、昭和六〇年。

(14) 「鎌原桐山―朱子学の大家」『松代―歴史と文化』。

(15) 安政元年に草したのが有名な『省諐録』である。君子の楽しみの一つが「東洋道徳・西洋芸術」であった。他の四つはこうである。㈠不和がない、㈡恥じない行動、㈢正義を守る、㈣理を知る。

象山は君子の五つの楽しみをあげているが、これが少なからず英に影響を与えたであろうことは想像に難くない。「恥ずかしとは思わぬか」などは、象山の「恥じない行動」に通じるし、「正義を守る」ことも母亀代を通じて躾として身についていったものと考えることができよう。

ここで、小楠の「堯舜孔子の道・西洋器械の術」について触れておこう。象山の「東洋道徳・西洋芸術」論も文面から見れば何ら変わるところはない。小楠と象山を同一線で考えると近代日本の道程がおかしくなる。パラレルに並んでいる両者の意図するところは逆であるからである。たしかに象山は「東洋道徳」を強調するが、力点はあくまでも「西洋芸術」の方にある。それが証拠には松代の象山記念館に一歩足を踏み入れれば納得いくであろう。開国進取という点では小楠と同じ視点に立つも、小楠の場合あくまでも「堯舜孔子の道」、「三代の治」が先行する。小楠が幕末「佐久間修理抔は邪教に落入り」と喝破しているのは、「心徳」のない「西洋芸術」の奥を見抜けなかったからに他ならない。すくなくとも小楠はそう考えていたのではなかろうか。両者ともはからずも京都で暗殺される。小楠は西洋に媚をうったという理由からであるが、それは攘夷論者の誤解に基づくものである。西洋の鞍にまたがり、漢学者には洋学で対処するという象山の玄学ぶりはこれまた暗殺の対象になったが、両者の相違は東洋の精神をどこまで押しとおすかにかかっていると考えていいのではなかろうか。押しとおすというよりは、最高にまで煮詰めた学問として西洋を受け止める。西洋技術の背景にある思想まで見抜く力があったかどうかという点に尽きるのではなかろうか。人に力点を置く小楠と物に力点を置く象山とでは、自ら差が生じる。それはまた物事を総合的に捉えるか、分析的に捉えるかの違いではなかろうか。小楠は総合的に捉え、象山は分析的、概念的に捉える。それゆえ、「西洋器械の術」に対しても自ら差が生じる。どちらかと言えば、近代日本の歩みは象山的であったと言えるであろう。

だが、英には西洋技術は理解できるが、それを受け止めるのはあくまで、東洋道徳であり真心であった。このスタイルは小楠そのものである。この点を、象山と英の溝はうまらなかったと考えていいのではなかろうか。母の躾の方が強かった。仁義礼知信の方が強かったと考えていい。

(16)「藩主となった幸貫は、まず華美に流れることを厳しくいましめるとともに文教と武備をもって藩風の刷新をはかった。そのため自から木綿の衣服に小倉の袴をつけ、食事は質素、住まい道具類は実用的なものを使うなど実践敢行したため、重臣以下藩をあげてならったという。藩士の子弟に『四書』『五経』を学ばせ、成績の優秀なものに褒償を与えたほか、武具を整え、演武場を拡張して武術を奨励し士気を高めた。

また社倉を設けて米をたくわえて災禍に備え、殖産興業を盛んにするなど藩政に力を注いだ。こうした藩の気風が佐久間象山をはじめ数多くの英才が生まれる土壌となった」(『松代―歴史と文化』一七八～一七九頁)。

(17) 和田英「富国強兵と横田家の悲劇」『富岡後記』参照。中公文庫、昭和五三年。
(18) 和田英は「西洋器械の術」に信頼をおいていることは事実であるが、その技術を活かすのは「東洋道徳」であると考えている。小楠と似ているという意味は以上な理由による。
(19) 『近代群馬の思想群像』高崎経済大学附属産業研究所編、ブレーン出版、昭和六三年。
(20) 『大学』には「三綱領」、「八条目」が謳われている。「三綱領」は「明明徳」、「新(親)民」、「至善」であり、「八条目」は「格物、到知、誠意、正心、修身、斉家、治国、平天下」である。さらに『大学』は「天子よりもって庶人に至るまで、壱是に皆修身をもって本と為す。その本乱れて末治まる者は否ず。その厚うする所の者薄うしてその薄うする所の者厚きは、未だこれ有らざるなり」『大学』宇野哲人全訳注、講談社学術文庫、昭和五八年、三八頁。
(21) ここでは和田英『我母之躾』信濃教育会を使用。その後平成八年『富岡日記』、『富岡後記』、『我母之躾』が現代口語訳シリーズ(第二巻)、信濃古典読み物叢書として出版されているが、このへんにも松代の伝統が息づいているように思える。『日暮硯』は第十番目に刊行されている。
(22) 和田英前掲書「河原鶴子さんの病気」『富岡日記』。
(23) 「富岡製糸場関係者の墓誌」『富岡製糸場誌　上』第七章、富岡市教育委員会、昭和五二年。

(24)　和田英前掲書『富岡後記』「元方一同の苦心、大里夫人の繰糸―富岡帰り一同の決心並びに元方への申込み―」。

(25)　この点英はこう述べている。「しかしこの一条に付きましては、後日に至り大里さんが私に折に申出しになりまして、『実に知らぬ時というものは、あんなことを申して、今になって見ると実に面目次第もない』と申されます。私も申しようもありませんから『あの時分には私共の強情を張りますのにずいぶんお困りでありましたろう』と申しますと、『能くあれまでおっしゃって下さいました。もしあの時私共の申すことを素直に聞いて下すったら、今日の名誉は得られなかったのでありました』と、いつもいつもお笑いになりました。そして私共仲間の人が少しでも煮過ぎますと、『いつぞやあんなことを申し置いて、こんなに煮ると連糸になってしまいますぞ』とお笑いになりながら申されますので、皆一同笑いました。実に私共も一生懸命で強情を張りましたことが、後の名誉の種々になりましたのでありますから、こんな喜ばしいことはありませぬ。私は別して、思い切って大里さんの奥様のおとりになりました糸を悪いとは申さぬばかりに大里さんの前で申しましたことでありますから、実に名誉にでもなりませぬ時は申し訳けありませぬ」（和田英前掲書『富岡後記』）。

(26)　大正二年といえば、これから養蚕・製糸業が盛んになってゆく希望に溢れた時代であったと言えるであろう。大正二年の養蚕農家戸数は一五〇万戸、桑園面積四五万ヘクタール、収繭量は一七万二千トンである。これがピークに達するのが昭和四、五年であるから英の期待が膨らむのも当然であるし、英にしてみれば富岡製糸場の名前をあげたいという気持はよくわかるような気がする。この時期富岡製糸場は三井から原製糸に移っている。

(27)　横井小楠『沼山閑話』『横井小楠関係史料　Ⅱ』日本史籍協会、東京大学出版会、九二六頁。

(28)　尾高惇忠が富岡製糸場に関わるようになったのはつぎのような経緯による。「尾高藍香は、明治三年四月民部省監督権少佑に任ぜられ、後庶務少佑に転じ、同年閏十月以来製糸場掛を命ぜられて、専ら経営の衝に当り、諸般の事務皆其手に出づ。庶務司廃して勧業司又は勧農寮の所轄となるに及び、又官は大蔵に転じ、旧に依りて製糸場の事に鞅掌せり、蓋し先生の推挙に係れり」（渋沢栄一伝記資料刊行会『渋沢栄一伝記資料』第二巻、昭和三〇年、五二二頁）。

(29)「其時養蚕に就て知って居る人が、一人も無かったのです。残らず無かったではないか知らぬが、大隈さんなどが寄せて話をするのは、大抵大丞、少丞、局長といふやうな向の人で、其時に紙幣寮とか、租税司とか、或は何司とか云ふものの頭に立つ人は、特に寄せて相談なさった事があります。幾人寄せられたか、それは覚えて居ないが、其話があったのです。其時私が養蚕の事を能く知って居った。それで話が誠に迂遠な事ばかり言ふでござる御方が寄って居る。抑々養蚕と云ふものは何で出来るのか。工学であるか、化学であるかと云ふやうな議論が出る。そこで私はよく知って居るものだから、そんな事を仰しゃって居るやうでは米のなる木は大木であるか、小木であるかの話になって、一向納りが付きませぬ、養蚕といふものは斯う云ふ訳のものだと云って私がお話した。そうしたら大隈さんが、『君は法螺を吹くのか』と云ふような事で、イエ法螺じゃない、私はよく知って居ます。それなら一つ養蚕の事に就ては、君を煩はそうと云ふことで、私が掛りを吩咐かったので、大分ガイセン・ハイメルとふう蘭八と引合ひました。それで愈々何処が宜かろうと云ふに付て、若し此事を御採用になるならば、適当な技術家をお勧めしましょうと云って、今のブリューナを紹介された」。渋沢栄一伝記資料刊行会『渋沢栄一伝記資料』第二巻、昭和三〇年、五一七〜一八頁。

(30) 和田英『富岡日記』前掲書、「河原鶴子さんの病気」。

(31) なおこの点については、荻原勝正『尾高惇忠』幼少期Ⅰ　さきたま出版会、昭和五九年を参照されたい。

(32)　渋沢栄一『論語と算盤』国書刊行会、昭和六〇年、一〜二頁。
(33)　荻原勝正氏は渋沢栄一を取り巻く人的環境の他、江戸との交流を促した利根川の河岸場を「舟運を利用した荷物運搬とともに、人の往来も盛んになり、江戸の文化や政治・経済などの動きが河岸場を通じ波及するようになった」（荻原勝正、前掲書、一四頁）と述べている。
(34)　渋沢栄一前掲書『論語と算盤』六頁。
(35)　和田英前掲書『富岡後記』一一一頁。
(36)　渋沢栄一前掲書『論語と算盤』三八頁。
(37)　同右、二四頁。
(38)　和田英前掲書『富岡後記』二九頁。さらに「その後自分で自分の心を汚れぬように心懸けて居ました。叔父が申しましたと母が毎日申聞かせましたが、実にこの歌の通りであります」。その歌とは「心こそ心迷はす心なれこころに心心ゆるすな」というもので、英の心の支えになっていた（一三九頁）。
(39)　『中庸』宇野哲人全訳注、講談社学術文庫、昭和五八年、四八頁。
(40)　『青淵百話』には富と徳についてつぎのような件がある。「従来儒者が孔子の説を誤解して居た中にも、其の最も甚しいものを富貴の観念貨殖の思想であろう。彼等が論語から得た解釈に依れば『仁義王道』と『貨殖富貴』との二者は氷炭相容れざる者となって居る。然らば孔子は『富貴の者に仁義王（道）の心あるものは無いから、仁者となろうと心がけるならば富貴の念を捨てよ』といふ意味に説かれたかといふに、論語二十篇を隈なく捜索しても、そんな意味のことは一つも発見することが出来ない。否、寧ろ孔子は貨殖の道に向かって説を為して居られる」（乾『青淵百話』同文館、明治四五年、一五六頁）。
　渋沢は宋学にたいして批判的である。この点横井小楠と相通じるものがある。まず小楠の宋学批判から見ておくことにする『沼山閑話』にはつぎのようにある。「宋の大儒天人一体の理を発明し其説論を持す。

然れども専ら性命道徳の上を説いて天人現在の形体上に就て思惟を欠くに似たり。其天と云ふも多くは理を云い天を敬すると云も此心を持するを云ふ。格物は物に在るの理を知るを云て総て理の上の心の上のみ専らにして堯舜三代の工夫と意味自然に別なるに似たり。……是れ堯舜三代の畏天経国と宋儒の性命道徳とは意味自ら別なる所あるに似たり。……三代の如く現在天工を亮くるの格物あらば、封建井田を興さずとも別に利用厚生の道水・火・木・金・土・穀の六府に就て西洋に開けたる如き百貨の道疾く宋の世に開く可き道あるべきなり。……三代治道の格物と宋儒の格物とは意味合の至らざる処有る可し。一草一木皆有レ理須レ格レ之とは聞えたれども是れも草木生殖を遂げて民生の用を達する様の格物とは思はれず、何にも理をつめて見ての格物と聞えたり、大儒を批議するに非ず。後学のもの徒に理学の説話にのみ奔りて現在天人一体の合点なければ大源頭に狂ひありて事実上の上に於て道を得ざる事多し」(『沼山閑話』『横井小楠関係史料 Ⅱ』前掲書、九二二～九二三頁)。

渋沢になるとより具体的になる。実業家らしい発想で宋学批判を展開し、その裏返しとして経済主義にはしる点を強調したことは流石というほかはない。

「宋の大儒たる朱子が、孟子の序に『計を用い数を用うるは、たとい功業を立て得るも、只是れ人欲の私にして、聖賢の作処とは天地懸絶す』と説き、貨殖功利のことを貶している。その言葉を推し進めて考えて見れば、かのアリストテレスの『総ての商売は罪悪なり』と言える言葉に一致する。これを別様の意味から言えば、仁義道徳は仙人染みた人のごときは決して孔孟教の骨髄ではなく、かの閩洛（びんらく）派の儒者によって捏造された妄説に外ならぬ。しかるに我が国では元和寛永の頃よりこの学説が盛んに行われ、学問といえばこの学説より外にはないと言うまでに至った。しかしこの学説は今日の社会にいかなる余弊をもたらしているであろうか」(渋沢栄一前掲書『論語と算盤』一〇四頁)。

小楠も栄一も「道徳経済合一説」に立っている。だから人欲を過度におさえると、その反動として仁義道徳を無視した経済主義が台頭するということになる。そこで栄一は、宋学の人欲抑制が思わぬ反動をもたらしていると強調する。

「孔孟教の誤り伝えたる結果は、利用厚生に従事する実業家の精神をしてほとんど総てを利己主義たらしめ、その念頭に仁義もなければ道徳もなく、甚しき日に至っては法網を潜られるだけ潜っても金儲けをしたいの一方にさせてしまった。従って今日のいわゆる実業家たちの多くは、自分さえ儲ければ他人や世間はどうあろうとも構わないという腹で、もし社会的及び法律的の制裁が絶無としたならば、かれらは強奪すら仕兼ねぬという情ない状態に陥っている。もし永くこの状態を押して行くとすれば、将来貧富の懸隔はますます甚だしくなり、社会は愈々あさましい結末に立ち至る事と予想しなければならぬ」（前掲書、一〇四～一〇五頁）。

宋学が全体像をつかめなかったゆえの弊害が出ているので、義理合一の信念を確立し、道徳経済合一へと導びく必要があるというのが渋沢の結論である。この件はバブル崩壊後の日本の実態をも言いあてているのではなかろうか。小楠の性命道理の説の弊害を渋沢がさらに具体的に展開したと考えていいだろう。

(41)　近代日本の養蚕産業のピークは昭和四、五年であった。養蚕農家は昭和四年二二〇万余戸、桑園面積は七〇万ヘクタール余り、収繭量は約四〇万トンである。これが平成九年には養蚕農家は六千戸、桑園面積一万四千ヘクタール弱、収繭量二五一七トンである。現在養蚕農家はピーク時の千分の一、桑園面積は一二〇分の一、収繭量は約四〇〇分の一である。平成九年の数字で見るかぎり、日本経済に占める養蚕業はゼロに等しい。

では、群馬県はどうであろうか。養蚕農家数が一番多かったのは明治三四年の八万七千戸であった。桑園面積は昭和五年の四万千ヘクタール、収繭量は昭和一四年の三万トンがピークであった。現在はどうか。養蚕戸数二三二〇戸、桑園面積五六八〇ヘクタール、収繭量一〇二六トンである。こちらも全盛期の約四〇分の一、八分の一、三〇分の一にそれぞれ減少している。日本全体の減り方と比べたならば極端ではないが、養蚕王国群馬においても、その凋落ぶりは数字がよく示している。

平成九年時の日本全体の生糸生産高は三二六九八俵で、ピーク時の昭和一〇年七二八、八七八の二三分の一、群馬県では昭和一〇年五四六七〇俵、平成九年は七九二九俵であるから約七分の一。世界生産に占める生糸の割合は平成七年で五万三千俵、三・五％である。これらの数字で見るかぎり日本の養蚕・製糸業はゼロに等しい。こうした背景の下群馬県でも高付加価値製品による養蚕・製糸業の展開に力を注いでいるが、衰退に歯止めをかけるところまではいたっていない。群馬シルク構想などを展開しているが、流れを変えるにはほど遠い状況にある。それでも群馬県は平成の今日においても、養蚕・製糸業において全国一を保っている。そういう点で、かつて近代日本の出発にあたってゆるぎない地位にあった群馬の貴重な産業は伝統を保っていることになる。（『群馬の蚕糸業』群馬県農政部蚕糸課、平成九年度）

(42) 清水慶一編著、清水譲撮影『群馬の近代化遺産・颯爽たる上州』群馬銀行、平成七年。蚕種、養蚕、製糸学関係ではつぎの遺産が紹介されている。

旧安田銀行担保倉庫、前橋市蚕糸記念館、田島弥平家、旧官営富岡製糸場、旧碓氷社本社本館、住谷宗七家住宅、旧高山社養蚕教場など。

(43) 大渡製糸所の勝山宗三郎は、「実着ノ高法主トスルヲ以、製糸ノ精良ニ探ク注意、繭ノ売買ニ量衡ヲ正クシ取引ヲナス、故ニ同人ノ高標マーク柵（標）ノ名、海外商人モ悉ク不偽優等ナルノ信用ヲ得、常ニ機械製糸ハ勿論手釜坐繰生糸ニ至ルモ、市場取引ノ相場ニ比スレバ凡弐割ニ有之、又繭ノ買入等ニ於ル勧農局所轄富岡・新町ノ両工場ノ御用ヲ承ル、毎年強テ不都合ノ聞へ無之、繭并ニ屑物商中ニ於テモ着実営業家ノ模範ニモ相成候ホド、名声ヲ得候者ニ有之候事」と評価されている。（「大渡製糸所創立年月ならびに事業改革の概要」『群馬県史』資料編23、産業Ⅰ、蚕種、養蚕、製糸、織物、群馬県史編纂委員会、昭和六七年、二八一頁)。

(44)　水沼製糸所の星野長太郎も「生糸ハ我輸出品ノ第一位ニアリシヲ以テ、最モ精良確実ノ商品タルベキニ何ゾ図ラン、其生糸ハ精製濫造ノタメ信ヲ海外ニ失フト聞キ、小ハ地方ノ経済ヲ図リ、大ハ国家ノ損失ヲ思ヒ、区々躬耕ノ迂策ヲ棄テ憤然蚕糸改良・殖産興業ニ身ヲ委ネ、身命ヲ賭シテコレガ成功ヲ画セント決シセリ(『水沼製糸所』「星野長太郎事蹟」前掲書、三〇六～三〇七頁)。

(45)　西毛三社のうち碓氷社の萩原鐐太郎も、「目前の為めに聚散常なく、或ハ詐欺の製造をなし狡智を逞ふして自己の利益を謀るの徒無きにあらず、大に全社の名声を損して信用を妨げ複利を害する」ことが最大の信用失墜につながるので、「先ず己を正して而して后ち他人を正し、毎社員互に如斯忠実に之を勉め」、「目前の僥倖浮利に拘泥せず永遠に眼を注ぎ、倍々に深切丁寧に製造をなし、弥々我社の信用を内外に輝かさしめ、銘々産業の基本を鞏固ならしめんことを祈る」(『碓氷社』「碓氷精糸会社の開業祝辞」前掲書、五五二～五五三頁)と強調している。

(46)　時代は下り明治二〇年代に富岡に私立北甘楽養蚕伝習所、私立児童社産業学校が誕生する。いま、『富岡市史』(近代・現代)によってその設立精神を見ておこう。

明治二一年の私立北甘楽社養蚕伝習所から見ておこう。「元来北甘楽の地たるや、蚕業に適せるが故動もすれば、旧習を墨守して、その改良を計るの念に乏しかりき。然るに、富岡に一大製糸工場の官設を見、製糸業の改善、進歩著るしきものあるにより、養蚕家も亦、之に伴いて大に改善するために作られた。初代総理は佐藤国太郎で北甘楽の有力者の寄附で設立され、場所は富岡市南裏字馬見塚窪坂上であった。富岡製糸場と目と鼻の先である。参観人二一、四〇〇人に達したというから、その盛況ぶりが窺える。伝習生の資格は一五歳から四〇歳、期間は三カ年であった。

伝習心得にその意気込みを見ることができる。伝習の二に「平素の品行方正にし、信義を旨とし、礼譲を守り、苟も怠慢の挙動あるべからず」とある。礼儀が重んじられた。人間形成が基礎としてある。「信義」と「礼譲」の中に全てが言いつくされている。つまり、糸を取る上での心構えを説いているわけであるが、官営富岡製糸場のすぐ前に開設されたというのであるから驚きであり、なおその上秀れた人材を送り出すという意気込みであるから、富岡製糸場にも比べものにならぬとしても、民間からこうした運動が展開されたのは注目に値しよう。開所以来四七五人の卒業生を世に送り出している。

他は明治二三年の私立児童社《ワラベシャ》蚕業学校である。創立者は荻野千代吉で、「慶応の頃より心を蚕業に傾け、明治一七年高山社員となり専心この業を研究し」、キリスト教の信念に基づいて児童社蚕学校を興したとのことである。児童社の由来はこうである。「イエス児童を呼び、彼等の中に立って言ひけるは、我まことに爾曹に告げむ、若し、改まりて嬰児の如くならずば、天国に入ることを得じ、然らば、凡そ、この嬰児の如く、自ら謙る者は、これ天国に於て大なる者なり」。「蚕を養ふは、父母の赤子をそだてるが如し、蚕を思ふこと、我が児を懐ふが如くせよ」。格調高いこの文面は前項がキリストの教訓であり、後者は聖徳太子のものである。文面から意気込みが感じられる。社員二〇〇〇余名、教授員五〇名、伝習生三〇余名、製造する蚕種一八〇〇枚以上にのぼったと言われている（「明治二一年四月私立北甘楽養蚕伝授所」、「明治二二年私立児童社蚕糸学校」『富岡史』近代・現代、資料編（上）、富岡市史編さん委員会、昭和六三年、七三八～七三九頁）。

富岡製糸場を中心として民間団体が国家の将来を担って業を興したことは驚きである。当時富岡の地は人口二〇〇〇名程度であったから、富岡製糸場は例外としても民間の養蚕伝授所が二カ所も設立されたことは、富国策が浸透していった証拠であろう。だが、設立趣旨の精神の高さに驚かされる。「東洋道徳」をきちんと念頭においての西洋技術の導入ということがここにも展開されている。児童社の場合和洋折衷ということになるが、これとて基本に東洋の精神を置いていることに変わりない。

(47)　最後に富岡製糸場ならびに養蚕・製糸業繁栄のために作られた歌を紹介しておこう。なおこの点については拙稿「近代製糸業を支えた工女たち」『近代群馬の思想群像　Ⅱ』（高崎経済大学附属産業研究所編、日本経済評論社、平成元年）参照。ここでは本書に紹介されていない歌を掲げておくことにする。

運動歌　　葛原𦱳　作歌

第一節
くるり　くるくる　たゆまずめぐる
我が糸車　元車
元気にめぐる　車をみれば
心も勇み手も勇む
とりゆの中には　ヨイサ　煙ぞのぼる

第二節
するり　するする　つきせぬ糸の
その美しさ清らけさ
すりよくかけて　ただ一すぢに
心もみがけよき糸と
車にかがやく　糸のあや
みかぼの山にも　ヨイサ　光あらん

第三節

さらに　さらさら　せせらぎうたふ
鏑の川の瀬の音や
よどみもあらぬ　心をあはせ
いそしみはげむ楽しさよ
みくにのなおあげ　とみをます
われらの業こそ　ヨイサ　まことの幸ぞ

アリヤリヤンの歌（逍遙歌）　北原　白秋　作歌
弘田竜太郎　作曲

第一節
鳩がなきます　タンクの上で　ヨウ
かはい声してほろほろと
蚕うまれてまだ七八日
春もくれますうつうつと
　アリヤリヤン　コリヤリヤン
アリヤ　リヤンソロ　リヤン

第二節
月が出てます　川瀬の蘆に　ヨウ
水にや河鹿もころころと
お繭仕上げて　糸とりそめて

夏も過ぎます　そよそよと
　アリヤリヤン　コリヤリヤン
　アリヤ　リヤンソロ　リヤン

第三節
百舌が鳴きます　製糸場の屋根で　ヨウ
赤い陽に来てきりきりと
心ぼそさに出て空見れば
秋も去にます　遠々と
　アリヤリヤン　コリヤリヤン
　アリヤ　リヤンソロ　リヤン

第四節
雪がふります　寄前の窓に　ヨウ
障子あければ　ちらちらと
山の向うのあの故郷よ
冬も尽きます　きえぎえと
　アリヤリヤン　コリヤリヤン
　アリヤ　リヤンソロ　リヤン

繰糸の歌　　北原　白秋　作歌
　　　　　弘田竜太郎　作曲

㈠　筓しづかに　素緒《くちたて》しゃんせ
繭は柔肌　絹一重
わたしゃお十七　花なら蕾
手荒なさるな　まだ未通女《おぼこ》

㈡　いつもほどよい繰糸湯《とりいとゆ》の繭よ
すまず　にごらず　つやつやと
惚れりゃほどよく　熱いはさめる
焼かず　はなれず　さらさらと

㈢　ひとつひとつと　つけたせ　繭は
欲にからめば度外糸
一人や一人に情増せ　恋は
両方立てれば　義理立たず

㈣　截附《きりつけ》しゃんすな縁切りしやるな
巻けば巻きつく繭の糸
すりによりかけ　からんだ糸よ
おまへ切れても　わしゃ切れぬ

㈤　いとし小枠へ巻きとる糸は
それは黄の糸白の糸
むしれむら糸　むらなく　きよく
いつも　むら気じゃ身がもたぬ

繰糸要点《いとどりのかんじんなこと》

左の六ケ条は最も肝要なことです。

一、はうきはかろく

繭は極く柔に煮てありますから箒を静かに使用《つかは》ないと生糸になる繭属《ところ》も熨斗《のし》糸となって非常に糸量《いとめ》を減らします。

二、とりゆにきづけ

繰糸湯《とりゆ》は余り低温度《ぬるすぎる》と解《ほぐれ》が悪《あ》しく余り高温度《あつすぎる》と繭が浮き上がりますから平均《ならし》百五十度位の温度《あつさ》が適当《ころあい》です。又湯は其の清濁程度《にごりかげん》を十分注意して繰糸《いとくり》しないと色沢《いろつや》が揃ひません。

三、　ふたつぶつけず

添緒《つけだし》する時は必ず一顆宛附《ひとつぶずつつけ》て下さい。一度に二顆《ふたつぶ》も添緒《つけたし》すると班糸《むらいと》が出来るばかりでなく附類《つけぶし》が出来ます。

四、きりづけするな

優等糸《ゆうとういと》を挽くのですから必ず巻附《まきつけ》してして下さい。截附《きりつけ》すると附類《つけぶし》が沢山出来ます。

五、よりよくかけよ

紡《より》かけの長は一尺以上《よりうえ》必ず掛けて下さい。紡《より》が甘いと糸縷《いと》の抱合不《だきあわせる》良く裂糸《さけいと》が出来ます。又再繰場《あげば》では多く切れて糸量《いとめ》を減します。

六、むらいとむしれ

過って太班《ふとむら》でも細班《ほそむら》でも小枠へ巻き取ったら仮令一尺でも必ず捲り取って下さい。班糸は織物にするとき一番悪いです。

糸ひきうた

上州富岡糸とり場
製糸場のつとめには
朝の六時が鳴ったなら
十二時間のその間
藤原源氏に使われて
おまけに検査ににらめられ
今度の三十日《みそか》できたらば
家へ帰って両親に
つらい勤のものがたり

前掲書『富岡製糸場誌』上より

第三章 和田英と『富岡日記』

一　富岡製糸場の閉工

昭和六二年（一九八七）八月二五付の『日本経済新聞』は、「グンゼ、製糸から撤退」へという記事を掲載した。人目につくには余りにも小さすぎる。短いので全文を紹介しておこう。「グンゼはこのほど、生糸生産部門の子会社であるグンゼシルク（本社福島県安達郡本宮町）の工場の閉鎖を同社労働組合に通告した。労組の了解が得られれば、十月下旬にも操業を停止する方針」。

製糸業が衰退の一途をたどっていくのに対し、いやほとんど日本経済に占める製糸業がゼロに等しい状況のなか、これとは全く反対に脚光を浴びているのはＩＴ関連のニュースである。製糸業が第一次産業革命の旗手であったとするならば、これから始まるであろうＩＴは第三次産業革命の前夜を想い起こさずにはおかない。衰退する産業、これから興ろうとする産業、グンゼの製糸生産中止の予告、それにITのニュースは産業の盛衰を目のあたりに見る思いがしてならない。

実は富岡製糸場も、昭和六二年五月にグンゼ福島工場と同じ運命をたどった。操業以来、近代日本の運命を一身に担ってきた富岡製糸場であるけれど、産業構造、貿易構造の変化についていけず、とうとう閉工のやむなきに至ったのである。片倉富岡製糸場の最近の会社案内を見ると、ファッション関係、アパレル産業へ活路を図ろうとして生き残り作戦を展開していたようであるが、国民経済に占める繊維産業の衰退のなかで、どうしようもなかったのではないかと推察し、かつて盛隆を極めた富岡製糸場に想いをはせ、憾慨ひとしおであった。

富岡製糸場が閉鎖され、「日本で最初の富岡製糸」の名がいたいたしく感じられてならない。だが、富岡製糸場は過去の遺物になってしまったのであろうか。お蔵入りとなってしまうのであろうか。そうではあるまい。操業は停止されたが、これまで一世紀余り雄姿を誇ってきた足跡はそう簡単に消すわけにはいくまい。製糸場をめぐっていろいろな人達がそれぞれの舞台で物語を演じている。明治、大正、昭和の物語は十分傾聴しなければならない教訓がそこにはある。それは草創期に遡るほど、その意義、教訓は大となるのではなかろうか。これから展開しようとする和田英が関わった富岡製糸場との一年余りの物語も、けっして例外ではない。彼女が富岡製糸場と関わった物語は、『富岡日記』に詳記されている。

これまでややもすると和田英や『富岡日記』、『富岡後記』の個別研究が主であったようである。もちろんそうした研究は大事にしなければならない。だが、思想研究の大きな課題は、言うまでもなく、思想そのものの追求に力点をおくのではなく、その思想が後世に、そして現に生活するわれわれにとってどのような影響を持っているか、というところにあるのであって、和田英と『富岡日記』、『富岡後記』についての研究も、当然ここにあると考えなければならない。そういう意味で、和田英と『富岡日記』、『富岡後記』は近代群馬と限定せず、もっと幅広くとらえていいのではなかろうか。そこでつぎのようなアプローチが必要であろう。

㈠世界的視野でとらえることが重要のように思われる。近代群馬を語るのであるからなにもそこまで視野を広げる必要はない、と言われそうである。だが、はたしてそうであろうか。群馬の事であるとはいえ、世界的視野から論じないと当時の群馬の製糸業は不十分である。それだけ、富岡製糸は「日本で最初」が強調されている。文字どおり、国際性を持ち合わせていた。K・マルクスではないがカリフォルニアと日本が資本主義制度に組み込まれることによって、市場経済が一通り行きわたることになる。日本にとって開国経済は単なる偶然かもしれないが、当時世界経済の一環に組み込まれたことは、資本主義の必然性を厳しく受け止めざるをえなかった現実を考えれば、近代群馬の製糸業は、群馬に限定できないわけである。富岡製糸場は成立当初から、国際性を持ち合わせていたことを強く認識する必要があるわけである。

明治26年頃の和田英（『定本　富岡日記』（創樹社）より）

㈡近代日本の出発にあたって、富岡製糸場はどう位置づけられたか。西洋諸国に後れをとった日本が、最も強く感じたのは経済的独立であった。不覊独立とは文字どおり経済的独立を意味していた。経済的独立は重化学工業は無理であるからまず、軽工業、繊維工業から出発せねばならなかった。糸が経済的独立の主流になり、なかでも生糸が不覊独立の手段として登場した。製糸業に力が置かれたのは後進国の運命でもあるが、群馬がその地に適したのは原料が豊富にあったからである。つまり、養蚕地帯であったからである。そういう意味で、群馬の近代化、工業化がそのまま日本の近代化、工業化でもあったわけである。『富岡日記』、『富岡後記』が価値があるのは、こうした世界的、日本的視野から群馬の近代化というよりは日本の近代化に直接関わったという点にある。和田英その人は群馬県人ではないが、近代群馬のいや近代日本における思想家群像の仲間入りをしてもけっして色褪せるものではないと筆者が見るのは、以上の理由によっている。

㈢近代群馬にとって和田英と『富岡日記』、『富岡後記』はどう位置づけられるであろうか。群馬の近代化のなかで和田英を取り上げることについて、かなり抵抗があるかも知れない。かりに取り上げるにしても、本論のように和田英を主体的に扱うことは二重の意味で反論されそうである。①彼女は群馬県人ではなく隣の長野県人である。②そればかりか、群馬にいたのは僅か一年余りではないか。群馬県人でなくともせめて最低五年、一〇年住み続けていたならば取り上げてもいいが、主体的に扱うのは群馬在住が余りにも短すぎる。たしかにこうした反論に耳を傾ける必要はある。だが、右の理由があるにせよ、思想的影響は何も出身者の滞在の長短によって決まるものではないから、これらの反論で引き下がるわけにはいかない。

富岡製糸場は単に富岡市のシンボルだけでなく、西毛の、群馬の、そして日本のシンボルでもあった。最近、軽薄短小時代の到来とともに近代日本を支えてきた産業が消え去ろうとしている。これも国際経済のなかで止めることのできない大きな流れであるかも知れない。アジア諸国たとえば中国、韓国、台湾、香港などの繊維産業の追い上げによって、価格競争に太刀打ちできなくなったのが最大の原因である。かつて、イギリスとアメリカが中国市場をめぐって激しい競争を繰り広げ、そのなかで日本も世界市場に組み込まれることになったが、いま日本とアジア諸国にその地位を奪われようとしている。長い目で見ると産業構造の高度化、さらには経済大国になった日本が直面しなければならない当然の帰結であるのかもしれない。

このことは日本経済に占める農業、繊維産業の位置づけを考えてみればよく分かる。一九八七年一〇月現在、日本のGNPは三五〇兆円を上回る規模になっている。そのなかで農業はどの程度の位置にあるか。八四年時点で二兆円（九四年では八兆円）程度であろうから、僅か三％程度である。農業全体が三％程度であるから繊維産業、特に生糸は推して知るべしである。生糸は金額にして三〇〇億円を大きく割っているから、その規模はほとんどゼロに等しい。八四年の絹糸の生産高は一・三万トンで、これは全繊維高二〇〇トンの一五〇分の一にすぎない。絹織物は同じ年約一億平方メートルで、全織物六六億平方メートルであるから六六分の一ということになる。

繊維産業が貿易構造のなかで、どう変化したかを簡単な数字を挙げて説明しておこう。幕末開港後、わが国の輸出の大半は生糸によるものであった。文久二年（一八六二）には八六・〇％にまで達している（表1）。その後若干の変動はあるものの戦前まで繊維産業（生糸）が日本の花形産業

表1　主要輸出品（各年全貿易を100とした場合の比率）

	1860	1861	1862	1863	1864	1865	1866	1867
蚕種					2.22	3.78		22.81
繭						1.02	英国領	
生糸	65.61	68.28	86.00	83.60	68.49	83.65	事報告	53.71
原綿			1.03	8.86	19.92		からは	
油	5.48						品目別	
銅	5.29	3.57	1.23			10	統計は	
茶	7.80	16.71	8.99	5.13	5.17	10.17	得られ	16.71
干魚				0.62			ない	
漆器		1.35						1.30

出典：大久保利謙編『近代史史料』

であったことに変わりはない。ところが、近年、近代日本の花形産業とくに繊維産業の昔日の面影はない。長年栄えてきた企業城下町はいま、「日本で最初の富岡製糸」を残して、完全に消え去ることになった。今後、富岡製糸場跡はどういう形で生かされるかは別問題として、少なくとも近代産業発祥の地という名所旧跡の仲間入りではなく、草創期の精神を生かしたいわゆる企業家精神でもって、つぎの「日本で最初」がつく企業を起こしてもらいたいものである。そして、今度は群馬県、できれば富岡の人が新しい産業の担い手のトップバッターつまり第二の和田英となって、彼女とは異なる『富岡日記』を書いてほしいと思うのは筆者だけではないであろう。

和田英が今日われわれに残してくれた教訓の一つが、シュンペーターの言う企業家精神にあるとすれば、例えばいま話題のITを富岡で興すこともけっして無理な注文とは言えないのではないか。われわれが彼女に期待するものは、企業家精神であり、あるいは男女雇用機会均等法に見られる真の女性の自立という精神であろう。女性の自立という点でも、単なる一時流行したウーマンリブのような一方的な自立ではない。このような視点を根底に据えて、世界的視野に立つ和田英と『富岡日記』、『富岡後記』を見ていきたい。

二　『富岡日記』の背景

アメリカやロシアが日本の開国を求めてきたのは、終極的には通商交易であった。彼等の目的が当初通商交易ではなかったにしても、勝海舟の『開国起源』に見られるように、それが日本の利益になるであろうことはすでに予測されていたことである。[1]福澤諭吉も文久年間『唐人往来』を著し、それが双方の利益につながることを自由交易論的立場で力説している。[2]彼が強調したのは自由交易論は商売上のことゆえ、なかなか素人にはわからないということであったが、自由交易論のメリットは十分認識していた。

同じ文久年間、神田孝平は『農商弁』を著し、今日で言う産業構造の高度化論的視点から、商業立国、貿易立国の優位性を強調し、いわゆる重商主義的視点に立っての国家建設を主張した。[3]同じ自由主義交易論者で幕末から維新にかけて大きな力となったのは、加藤弘之である。彼は明治二年（一八六九）『交易問答』を著し、自由論者才助を通して攘夷論者頑六を諭し、自由交易論は文明が開けた国においてとられている制度である、と力説した。[4]

先に『唐人往来』を著し、外国との交易が双方に利益をもたらすことを力説した福澤諭吉は、明治初年から自由交易論者として重要な位置を占め、自由交易論者の頂点に立つ。だが、自由交易論者が開国経済論と共に主張されだされたと言っても、そのとおり進んでいったわけではない。自由交易論はある意味で強者の論理である。西洋諸国に後れてスタートしたわが国にとってみれば、いくら自由交易が正論であると言ってもそのまま承認することはできない。いくら自由交易を主張しても現実問題に着目したとき、それではどうすることもできないというのが実情であった。ましてや安政の不平等条約が生きている以上、自由交易論をそのままあてはめるわけにはいかず、是非とも産業の近代化を図らねばならなかった。つまり、自由交易論の主張が現実として生きてくるためには、経済的独立がどうしても不可避であったわけである。

福澤諭吉、神田孝平、加藤弘之らが西洋思想を根底に据え自由交易論を唱えたのに対し、横井小楠は儒教、朱子学の伝統的な思想に立脚し富国策を展開していった。前者の自由交易論が西洋思想の直輸入に対し、横井小楠のそれは「手持ちの思想」であった。福澤諭吉、加藤弘之らが初期の自由思想をやがて放棄してしまうのに対し、横井小楠はあくまでも「堯舜孔子の道」で西洋の思想を受け止めようとする。そういう意味で、福澤諭吉や加藤弘之の自由交易論は机上のものであったと言えなくもない。

これらの机上論が現実となるためには、産業構造の近代化を図る必要がある。それも西洋流にではなく日本流の産業を興し、西洋と同じ土俵で競争できる基盤を作る必要があった。この点参考になるのが、横井小楠の『国是三論』の一論『富国論』である。万延元年（一八六〇）に書かれたものでA・スミスの『国富論』（一七七六年）より八〇年余り後れはするものの、富国策について同じ視点に立脚した書物は、横井小楠が最初であったと考えていい。その小楠は、福井藩での富国策を

する。

小楠の富国論はやがて近代日本の基礎を築く富岡製糸場のモデルともなる重要な富国策であるので、注目に値する。

すでに幕末において、それも攘夷論が紛々として止まないなか、儒教的視点に立脚した富国策を考えたことは特筆してよいであろう。小楠の考えは富国策を仁政の手段としてとらえ、外国貿易をその手段として考えていることである。例えば、「方今交易の道開けたれば外国を目的として信を守り義を固して通商の利を興し財用を通せば、君仁政を施す事を得て臣民賊たるを免がるべし」(5)(以下引用は同じ)、というところに儒教的交易論の本質がある。儒教的交易論の本質は、「財は末なり」によく表われている。あくまでも「徳が本なり」であって、そのための富国策であった。今日、恒常的に貿易黒字が摩擦の原因になっているが、横井小楠が考えている貿易はあくまでも「信を守り義を固」くした通商であった。小楠は内も外も全く同じように考えている。貿易を外国に限定することなく、国内における利用厚生のための経済政策も広く交易ととらえている点は注目に値する。「通商交易の事は近年外国より申立てたる故俗人は是より始りたる如く心得れども決して左にあらず。素より外国との通商は交易の大なるものなれ共其道は天地間固有の定理にして、彼人を治る者は人に食はれ人を食ふ者は人に治るゝといへるも則ち交易の道にて、政治といへるも別事ならず。民を養ふが本体にして、六府を修め三事を治る事も皆交易に外ならず」。

小楠の解釈によれば、交易は「天地間固有の定理」ということになり、国内外を問わず有無貿易を通じ、互恵の精神によって最終的に民の利益につながり、仁政が実現されればよいことになる。

おそらく、富岡製糸場が建設されるときも、こうした精神が根底に横たわっていたはずである。明治政府のスローガンの一つに富国強兵があり、それも強兵の手段として富国が考えられているが、本来は富国も強兵も仁政の手段でなくてはならないものである。小楠の言うように、富岡製糸場が建設されることによって、外国との交易が「天地間固有の定理」として信義に基づく有無貿易によるのでなければ、新政府の本来の目的はどこかへふっ飛んでしまう。富国強兵はあくまでも手段であることを認識すれば、富岡製糸場がどのような役割をもって建設されたか疑う余地はあるまい。

では具体的に、富岡製糸場のモデルともいうべき福井（越前）での富国策はどうであったか。小楠が福井で三岡八郎（由利公正）に『大学』を講じ、これがもとになって物産総会所ができたことは周知のとおりである。ここにおいても、儒教的国家論、儒教的経済論が実践されていることを知る。新政府の財政を担当した由利公正が、小楠の遺志を継いで、儒教的富国策を展開したことは、よく知られているところである。その三岡八郎は、福井の産物をよく調べあげ、地場産業に最も適した方法で富国策を考える。その一つに養蚕があった。「養蚕を願ふものは桑田に居らしめて蚕室を与」へ、「処女の如きも亦同じ。専ら養蚕の道を教え、其他好む処に随て紡績、織紝皆物品を与えて其力に食しむべし」。「仮令多眷ならず共、一藩の婦女をして養蚕の術をなさしめば各自の富足を得る而巳ならず、遂に国用裨益するの偉業をなすべし」。

問題はどうして興すかである。その任は具体的に藩、物産総会所があたることになるが、どのように進めていくのか。この方法も、富岡製糸場建設のモデルともなっているので紹介しておこう。

「一隅を挙て是を譬んに先づ壱万金の銀鈔を製し民に貸して養蚕の料に充て其繭糸を官に収め、是を開港の地に輸し洋商に売ならば大約一万一千金の正金を得べし。如レ此なれば楮札数ヵ月を閲せずして正金となって、言ふべからずの鴻益ある而已ならず、加ふるに千金の利有り。官府此利を私することなく公に衆に示し悉く是を散じて救恤し其他出て反らざるの所用に給す、仍レ之利を得る事多ければ所用益足るべし。啻繭糸而已ならず民間の所産制するに此法を以てし、年々正金の入るを見て楮銀を出し、財用を通ずる事前の如くならば民間の生産も無数に増進し、官府も年を逐ふて正金に富むべし。正金の融通自在なれば物価の貴きは憂るに足らず、上下の便利是に過ぎるはなし」。

『富国論』には、この他数種類の物品について、養蚕と同じ方法で交易することが挙げられているが、あくまでも「仁政」の視点に立っている。少なくとも明治初年、富岡製糸場が建設されるこの時期、儒教的経済論、交易論で国家建設が考えられていたとみていい。だが、その後の日本は富国強兵が全面に押し出され、悲劇の道をひた走ることになるが、この道がいかに悲劇であったか、第二次大戦によって明らかである。

だが、和田英が富岡製糸場にやってきたのは、まだ儒教的国家建設に燃えている最中であった。温和な政策によって、つまり富国において西洋と対等になり、不平等条約を改正しようという状況にあったことである。だから後に展開される『女工哀史』とは異なり、富岡の工女は紅女であった。『富岡日記』を見る前に、富岡製糸場が建設される経緯を追っておくことにしよう。

三　富岡製糸場の建設

群馬県甘楽《かんら》町小幡に長厳寺というお寺がある。その裏手の巨岩に吉田文作氏が磨崖仏を建立した。ここは連石山といわれるだけあって岩が多い。数年前、磨崖仏建立にあたって足場を整えた折、磨崖仏の下にある岩に横穴が列を作っているのを浅香百太郎氏が発見した。偶然の発見である。『富岡製糸場誌（上）』には、「小幡邑連石山ノ石其質堅実ニシテ永遠ニ耐ルヲ察知発見シ来リ告ク　因テ吾レ是ヲ検視シ速ニ工ニ命シテ従事セシム」(6)（以下引用は同じ）とある。実は富岡製糸場の礎石は、この連石山の石だったのである。「石材類採取感謝状」によれば、「連石山の石其質堅実ニシ永遠ニ耐ル」とあるように、その堅さを吉田文作氏が証明した。連石山の岩は一見柔らかそうに見えるが、その実たいへん堅い。吉田文作氏は磨崖仏を彫るのに、岩が堅くて難儀している旨をよく口にしていた。ある日、筆者もすすめられて、巨岩にノミを持って挑戦したことがあるが、その堅さに驚いた。「永遠ニ耐ル」と表現した真意が、ノミを持って実際に当たってみて実感したようなわけである。「この磨崖仏は二千年くらいはもつでしょう」と平然と述べているが、それほど連石山の岩は堅い。

明治四年に採取した富岡製糸場の礎石はすでに一〇〇年以上経つが、このままいけば、まだ一九〇〇年近くもつ計算になる。「永遠ニ耐ル」と明治の石工が感じたのと同じように吉田文作氏は、巨岩を彫ってそう思ったに違いない。

同じ甘楽町から煉瓦を調達している。この点、『富岡製糸場誌（上）』は「当時は日本にまだ煉瓦という言葉もなく『煉化石』と称していたが、直次郎は富岡付近福島町に優良な原土があることを発見し、ここへまず煉化石および煉製造工場を設け製造を開始した」、と伝えている。直次郎は明戸村の韮塚直次郎で、今日、甘楽町福島に瓦工場が存在しているのは彼のお蔭である。この他、木材や石灰、石炭などが地元から調達され、それがもとで今でも甘楽・富岡地方の地場産業として根づいているものも少なくない。

近隣の資材を調達することによって、富岡製糸場は出来上がるが、当時巨大建築にしては驚くほど短期間のうちに完成している。なぜこれほどまでに急いだのか、理由は簡単で、欧米に追いつくための近代産業をいち早く建設したかったからである。巨大建築がいかに短期間のうちに建設されたか、『富岡製糸場記（全）』によって見ておくことにしよう。

富岡製糸場

我国通商ヲ開キシヨリ以来生糸ノ名海外ニ著レ輸出第一ノ要品タリ。是ヲ以テ其価一時ニ騰貴シ農商共ニ不虞ノ利得タルニヨリ狡奸ヲ規ル者漸ク多ク偽製贋造至ラサル所ナク、英国倫敦ニ於テ機工ニ適セザル者数千筐堆棄スルニ至ル。是ニ於テ声価頓ニ減シ輸出ノ数モ亦漸ク多カラス、農商産ヲ破者比々トシテコレアリ。

すでに触れたごとく、幕末から維新にかけてわが国の生糸が輸出の筆頭に挙げられ、それが国家的独立の基礎になるであろうことは、当時の指導者は認めていたところであるが、需要が多くなるにつれて粗悪品が出回り、海外の信用をおとすようになってきた。これでは国家的独立がおぼつかなくなる。明治新政府が将来に不安を抱いたのも無理はない。

続く明治五年の諭告書にも、「日本ノ産物ニシテ交易ノ大ナルト金高ノ上ルトハ生糸ニ過グルモノナシ。外国人モ之ヲ貴ビ御国中ノ利潤トナルコト之ヲ以テ第一トナス。然ルニ御国ノ生糸如此上品ナルハ土地ノ宜シキ故ニシテ、其製法ニ至ッテハ只人ノ覚エシ手心ヨリ出来セル者ニシテ、其法未ダ精シカラズ」と強調され、さらに「近年交易ノ繁昌スルヨリ粗悪ノ品次第ニ多ク」、このような状況ゆえに値段も下落し、交易による利潤を上げることができなくなりつつある、とその危機感をつのらせている。つまり、貧国となってしまうというわけである。

生糸が国力増進の基礎であるとする新政府にとって、逆に粗悪品のためかえって貧国の基になってしまうというのでは、強力な国家建設はできない。かつて神田孝平は、「我日本は永久独立国たるべし、決して他国の附属となるべからず」、そのためには「我日本を使て独立せしめんと欲せば、宜く是に相応ぜる国力を起さざるべからず」『中外新聞』第十二号、(慶応四年)と述べたが、国力つまり経済的基礎が国家独立であるという認識が一般的であった。だから、国力の基である生糸の評判がおちるようでは、とても西洋に追いつくことができるどころか、他国の附属国となりかねない。こうした認識が、富岡製糸場の建設に向かわせたことは論をまたない。

このため、「朝廷万民ノ為被思召此貧苦ノ基ヲ去リテ家々富饒ノ利ヲ得セシメント御趣旨ヲ以テ、上野国富岡へ多分ノ入費ヲ掛ケ盛大ナル製糸場ヲ御建被遊」（『諭告書』）、ということになったわけである。

では、なぜ富岡が選ばれたのか。「ブルュナ氏ヲシテ東京近傍養蚕益ニシテ製糸ニ宜キ地ヲ相セシメントス。秋七月武蔵上野信濃等ノ邑里ヲ歴観シテ皈リ上野国富岡ヲ以テ其最モ宜キ所ト決定シ」とあるように(7)、富岡が選ばれた理由は端的に言えば、生糸生産にとって好条件がそろっていたからに他ならない。これだけでは真の理由にはなるまい。そこで、具体的に幾つかの理由を挙げておこう。現在富岡製糸場の城山に、なぜこの地がよかったのかの立札があるが、それによると、

㈠、付近一帯が養蚕地帯であること。

㈡、高田川、鏑川の水量は豊富で水質が適した。

㈢、工業用蒸気エンジンのボイラー燃料である石炭が近在で採掘できたこと。

㈣、鏑川と高田川の清流に界された富岡平野、これを囲む稲含、荒船、妙義の山々が描く山水明美がブルューナ一行を魅了した。

㈤、町の先覚者はじめ住民の献身的協力があった。

生糸を取るためにはなんと言っても、原料がなくてはならない。別に生産地でなくても運搬してくればいいわけであるが、それではコストがかかってしまうため、やはり生産地にしたことはな

い。㈠の理由はこうした視点に立っている。㈡はどうか。生糸生産には良質の水が多量に必要である。富岡製糸場はこれらの川に挟まれ、良質、豊富な水が使用できることが選択の理由になっていることも納得がいく。㈢は燃料であるが、当時の寺尾村から亜炭が産出していることが幸いした。これも大きな理由の一つであった。㈣は富岡・甘楽の地がブリューナの心をとらえたとあるが、たしかにこの地方は群馬県にあっても気候はマイルドであり、自然景観にも恵まれ生糸を取るのには最適な環境にある。ブリューナがこの点を認識したとすれば、さすがという他はなかろう。㈤は地元の受け入れ体制の問題である。いくら製糸場を建設しようと思っても、地元の人達が快く迎えてくれなければ成功するものではない。地元の有職者、住民の協力があったことが選択の理由になっている。これもまた承認しなければなるまい。

こうして、いよいよ着工の運びとなるが、そのスピードには目を見張るものがあった。明治三年（一八七〇）一〇月七日に条約を取り決め、さっそく行動を開始している。このとき、大役を任ぜられたのが渋沢栄一、尾高惇忠らであった。一〇月一三日にブリューナは富岡に入り、フランス人技師バスティヤンによって一二月二六日に設計図が完成している。翌明治四年正月尾高惇忠は富岡に入り、七日市藩邸一万五六〇八坪半の土地を整理し、瓦、煉瓦、礎石、石炭などの手配を行っている。正月一五日ブリューナは繰糸器機を購求するためフランスへ赴く。三月一三日杉の大材を妙義山に、松の大材を吾妻官林に、さらに小材は近傍山林にというように手際よく進めている。こうして明治五年七月、およそ二ヵ年かけて完成することになった。当時富岡の規模は六二〇戸、二一一五人であったから、ほんの寒村にすぎない。この寒村に巨大な近代建築が建立したから、住民が驚いたのは無理からぬことであろう。では、どの程度の規模であったか。

東置繭所

長三四丈四尺五寸（一〇四メートル）

広三丈九尺六寸（一二メートル）

窓大小一七九

口大小一七

屋棟高四丈六尺二寸五分（一四メートル）

西置繭所

長三四丈四尺五寸（一〇四メートル）

広三丈九尺六寸（一二メートル）

窓大小一五九

口大小九

屋棟高四丈六尺二寸五分（四メートル）

東置繭所

西置繭所

繰糸場

繰糸場
長四六丈八尺（一四一・六メートル）
広四丈一尺七寸（一二・六メートル）
高二層棟三丈九寸一分（二・八メートル）
四方鉄骨ノ硝子窓大小一六八
口四ツヲ開キ四方ニ通ス

この他、ブリュナ館、事務室、および食堂、休憩室、女子寄宿舎二棟が建てられた。以上が富岡製糸の概要である。圧巻はなんと言っても、東西の繭置場と繰糸場である。人口二〇〇〇人余の富岡の地には異様であったに違いない。富岡にかける新政府の意気込みを感じないわけにはいかない。

富岡製糸場の目的は良質な生糸をとり、富国の基を築くため各地に製糸業を興すことであった。だから、最初から採算は度外視している。官営模範工場の役目を果たすことが最大の狙いである。建設費もさらに人材費も当時としては破格であった。諭告書には「西国ヨリ生糸製造ノ師ト男女ノ職人数名ヲ雇入レ当夏ヨリ無類精巧ナル生糸ノ製造御始メ被成」とあるように、最初はフランスより職人を雇い入れてとらせた。一ドル一円であった当時、お雇い外国人の給料は破格であった。たとえばブルューナが月給六〇〇ドル、賄料一五〇円である。横須賀製鉄所の首長ウェルマーの年俸が一万ドルであったから、ブルューナは彼につぎ高額であった。『富岡日記』によれば、一等工女の月給は一円七五銭、二等工女は一円五〇銭、三等は一円とある。(8) ブルューナの年俸がいかに破格であったかが認識されよう。ブルューナの年俸は和田英ら一等工女の数百倍ということになるから、新政府の意気込みが伝わってこようというものである。ブルューナは例外としても工女ヒェーホールは月給八〇ドル、年俸約一〇〇〇ドル。一番低い工女バランでも月給五〇ドルであるから、彼女でも一等工女の数十倍である。ましてや二等、三等、等外の工女の年俸はお雇い外国人に比べたら論外、ただ同然ということになる。

フランス人技師の指導の下、工女を募集することになった。「御国中製糸ニ志アル者ヘハ士民ヲ論ゼズ熟覧ヲ許サレ、此製糸場ニ於テ女職人四百人余御雇入レ相成、製糸ノ法ヲ学バ」(『論告書』)せようとした。とにかく製糸に関心を持つ者はだれかれ問わず、熟覧の上学ばせようというわけである。四〇〇人募集することにしたが、明治五年一〇月創業時に四名の工女に教え、順次二〇名、五〇名と増加していったが、四〇〇名からはほど遠い。士民を問わず熟覧の上とあるが、なかなか工女が集らなかった。「外国人ニ生血ヲ取ラルル杯ト妄言ヲ唱ヒ、人ヲ威シ候者モ有之由、以テノ外ノ事ニ候」(『論告書』)、というのが当時の実態であった。当初だいぶ誤解があり、工女も思うように集らない。そこで最初は士族の娘が率先して公募に応じた。例えば、尾高惇忠の娘勇、浜松県貴族士族、津田長友の妹はまというように、士族の娘が先陣を切った。もちろん、和田（横田）英も士族横田数馬の娘で、国のためという開拓者精神に燃えて志願したものである。

最初公募は近傍五県、入間、群馬、栃木、埼玉、長野に布告し、次に北陸道一〇県に通達してい

ブルュナ館

る。こうして努力を積み重ね、誤解も解け明治六年一月に、群馬県二二八名を筆頭に四〇四名が集った。四〇〇名募集が実現したわけであるが、次のような努力があったことも忘れてはならない。「女職人ハ製糸術伝習ノ上ハ御国内製糸ノ教師ニ被成度御趣旨ニ候へハ、決シテ無疑念伝習ノ為差出可申、妄言ニ迷ヒ候テ御意ニ悖リ候様ノ義無之様致可」（『論告書』）。

官営の模範製糸工場であるから、富岡方式が全国に浸透していけば、国威増進を図ることができることは目に見えている。総額一九万八〇〇〇余円の巨費を投じて完成させたのは、「一時ノ巨費ヲ顧ミスシテ万世ノ大利」[9]のためである。つまり、「此製糸場ニ斯ク迄入費ヲ掛ケ盛ニ開カレ候御趣旨ハ……御国製糸ノ品万国ニ勝レ永遠ノ御国益ト相成、全国民ヲシテ富饒ノ利ニ潤ゼンガ為ニテ、只上ヨリ御世話被成候儀ニテ、決シテ下民ノ利ヲ上ヨリ奪」（『論告書』）うことではなく、「万世の大利」、「永遠の国益」のためであった。であればこそ、「御場所悉皆成就製糸ノ術習塾ニ至リ候ハハ、民間望ノ者へ御払下ケニ被仰付度御趣意ニ候間、郡村製糸ノ者ハ不及申、四方ノ人民厚ク御趣意ヲ弁へ製糸ノ術ト伝習ニ心ヲ入レ精巧ノ品多分出来候様有之度候也」（『論告書』）、と通達したのである。文字どおり、富岡製糸場は全国製糸場の師南役であった。富国の基礎として、全国に質のよい工女を送り込むため新政府が国運をかけて取り組んだ事業であった。民間製糸場が独り歩きできるまでの先導役を努めたわけである。

全国から集った工女は寮に入って、規則的な生活のなかで技術を修得することになる。では、伝習生徒はどのような規則下におかれたであろうか。「伝習生徒誓書」にはつぎのような諸規則がうたわれている。

一、入寮の生徒ハ百事官員ノ命スル所ニ従ヒ、其勧業ニ至テハ朝何時ヨリ夕何時迄ノ間ハ必ス製糸器械場ニ出席シ、諸規則及ヒ首長ノ指揮ニ従ヒ、各自持受ノ業ヲ勤務可致事。

一、入寮ノ生徒ハ製糸方法伝習自身執心ノ者ニ限リ候ニ付、入寮ノ者〇月〇日ヨリ満五ヶ年ノ間ハ出寮及他業ニ転換致ス間敷事。

一、入寮ノ生徒ハ毎月定則ノ月費ヲ給与シ、毎日ノ食料及ヒ衣服ハ壱ケ年両度一揃ツヽ官費ヲ以テ支給スヘシ。

一、入寮ノ生徒者休業ノ日製糸場ヨリ半日程度ノ場所内ニ於テ散歩スル事ヲ免許スレトモ、都テ一泊以上ノ旅行スル事を禁ス。

一、入寮ノ生徒父母ノ病気或ハ無余儀事件ニ反省スル如キハ、旅費ハ勿論其時間ノ給料ヲ与ヘサルヘシ。

右条々相心得候上ハ可致入寮事

第一則は就業規則の原則を述べたもので当然の事であろう。第二則は「五ヶ年ノ間」出寮、他業に就いてはいけないとある。伝習、教授という性格からして、こうした規則を設けたのである。三則は給与その他について、四則は自由時間の過ごし方、そして最後に厳しい規則が盛られている。

父母の病気、よんどころないときには時間は許され、有給が普通であろうが、第五則はそれを厳しく戒めている。和田英は一年余りで富岡を後にしているが、六工社の指導者ということで、「五ヶ年ノ間」という規則が適用されなかった。

「伝習生徒誓書」は伝習生がこれら五則に目を通してから入寮するわけだから、諸規則は覚悟のうえであったろう。第五則を除けばごく当たり前の事ばかりである。これを補うものとして「工女寄宿所掲示」、「工女寄宿所規則」がある。掲示には「寄宿所内へ掛リ官員並ニ賄方ノ外男女共立入候儀一切不相成候事」とうたわれている。規則は種々うたわれているが、代表的なものを見ておこう。たとえば、外国婦人に対して師弟の関係として接するよう強調されている。さらに伝習期間について、「本日ヨリ一ヶ年以上三ヶ年」とあり、拠無《よんどころな》い事情があるときは考慮するとあるが、私事の場合は一切認められない。工女二〇人を一組として部屋長を一人置き、部屋長は一等工女が選ばれた。各工女には割符が手渡され用事ができ対応に来た者は割符持参、もし割符なき者は親族といえども面会が許されなかった。割符持参の者は取締役へ相届け許可の上対面できた。「取締役正副ノ内朝夕見廻リ人員検査ノ節ハ部屋毎ニ銘々正座致シ、部屋長ヨリ姓名可申立事。期限中日曜日ノ外門外へ立出候儀一切不相成候事。但日曜日遊歩等ニテ外出ノ砌壱人ハ不相成二人ヨリ以上勝手タルヘキ事。外出ノ節ハ取締役へ相届ケ、……但門限明六ツ時ヨリ暮六ツ時限リノ事」。この他規則には婦人として守るべき礼儀がうたわれている。若い工女を預る側として、今考えるとかなり厳しいと思われるが、当時としては当然であったのかも知れない。

工女の応募は、地元群馬県が圧倒的に多く七〇八名数えている。続いて長野県が多く三四六名。

表2　富岡製糸場工女郷貫調査

（単位：人）

県名＼調査年	明治6年1月	6年4月	9年1月	11年	12年	14年	15年	16年	17年
群馬	228	170	99	59	54	33	25	17	23
（入間）	98	82							
埼玉			2	14	16	14	14	8	5
長野	11	180	11	13	74	32	12	6	7
（足柄）神奈川			103	17	9	3	1		2
栃木	5	6	1	5	5	1			
茨城	5				4	4	1		
千葉				4	6	12	8		
新潟				50	53	36	28	3	1
東京	1	2	49					21	12
（置賜）山形	14	14	12						
（酒田）	3	6							
福島					1				
宮城	15	15	5						
青森			7	3	2	2	1	1	1
（水沢）岩手	8	8		5	4				
静岡	・6	13	35			25	6	1	3
（浜松）	12	13	8						
愛知				1	2	18	14	66	80
岐阜				9	15	43	57	47	43
石川	1	1							
（豊岡）京都			21						
（飾磨）兵庫		4	153						
滋賀				167	132	82	82	53	44
大阪					1				
奈良	2	6							
島根			1						
鳥取								20	18
山口									
（名東）徳島			1						
大分						25	25	76	44
長崎						4	4	2	2
北海道			6						
	Δ404	Δ556	※515	※372	372	※351	※284	※321	※285 通勤工女 129 日雇工女 42 計 456

（出所）富岡市教育委員会『富岡製糸場誌』（上）　Δ富岡製糸所記録及職員録ニ依ル
※富岡市役所入寄留簿ニ依ル．

こうしたなか和田英は、明治六年四月に入寮して翌七年七月まで富岡で励むことになる。

四 『富岡日記』

和田英が富岡製糸場にやってきたのは明治六年（一八七三）四月二日ことである。その時の様子を英は、「実に夢かと思いますほど驚きました。生まれまして煉瓦造りの建物など、まれに錦絵ぐらいで見るばかり、それを目前に見まするることでありますから無理もなきことと存じます[10]」、（以下引用は同じ）と素直に言い著している。現在でも赤煉瓦造りの建物が人目をひく。今日、富岡市の人口は五万人弱であるが、富岡製糸場をしのぐ建物はない。まして和田英が門前に立ったのは、一三〇年も前のことである。「町を見ますと、城下と申すは名のみで、村落のような有様には実に驚き入りました」。富岡製糸場がとび抜けて大きく威容に感じたことは、察して余りある。富岡に着いたのが四月一日であるが、もう三日には仕事に就いている。製糸業が緊急かついかに重要な国家政策であったかが分かる。和田英一行がどのようにして仕事を覚えるかは、後に述べることにして、松代からどのようにして富岡にやってきたのか。さらに、和田英が育った松代藩とはどのような精神風土なのかを簡単に見ておくことにしよう。

和田英は足かけ四日かけて富岡に着いている。筆者は前に佐久間象山生誕の地を訪問したことがある。象山記念館や象山神社から数百メートルの所に、和田英生誕の家がある。象山記念館や象山神社を尋ねたとき、和田英の家がこれほど近くにあるとは思わなかった。松代は国道から奥まっていることもあってか古い建物が点在している。いや町づくりに江戸時代の建物を復元しながら、その良さを今日に受け継ごうと努力している。そんなたたずまいのなかを歩いていると、ここ松代で英がどのような教育を受け、そして松代に製糸場を建造するに当たって指導者として意気込んでいたかが伝わってくるようである。

和田（横田）英の生家

さっそく『富岡日記』に従って、松代から富岡までの全行程を追ってみることにしよう。その意気込みが伝わってくるというものである。出発に先立って彦四郎なる下僕は、

　曇りなき大和心のかゞみにはうつすも安きこと国の業

なる歌を贈っている。英の姉も歌を書き贈っているが、彦四郎の歌が当時の状況をよく伝えている。最後の「国の業」に全てが言い尽くされていると見ていいだろう。それだけ富岡行きは国家的事業であり、いずれ伝習を終え松代に帰り、「国の業」の一翼を担うという大きな使命を担っていたかがうかがえる。そういう意味で、英の決断はまさに一種の企業家精神とも言うべきものを持っていた。「国の業」が英らの双肩にかかっている。堅い決意で富岡行きを決行する一行一六名は、皆一様にそ

『定本　富岡日記』（創樹社）より

う思っていたに違いない。

この時工女の年齢は河原鶴子一三歳、義理の姉にあたる和田切子二五歳、英は一七歳であったから現在でいえば高校二年生である。一三歳の河原鶴子はまだ中学一年生だ。一行一六名の平均年齢は一七歳余であるから英はちょうど平均であった。一七歳といえば男子であれば、天下国家を論じる年齢ではあったが、女子が「国の業」を一心に担うため足かけ四日もかけて製糸業習得に大挙出掛けるということは、それだけ製糸業がいかに国家的事業であったかを物語るものであろう。

明治六年三月二六日一行一六名は、松代を朝七時に出発している。彦四郎の「国の業」とは逆に英ら一行は「喜び勇んで出かけましたが、後から考えますと、実に世間見ずほど世に気楽な者はいないと存じます」、と述懐しているように、見送る父兄が考えているよりは案外「喜び勇んで」いたのかも知れない。第一日矢代を通り抜け上田で一泊している。現在、松代と上田では目と鼻の先であるが、徒歩では二〇キロメートル前後が適当であろう。

翌二七日は追分の油屋という旅館に宿泊している。筆者は車で出掛けたので、必ずしも英が通った道ではないが、軽井沢まではそう大差ない。その追分も現在では旧道とだいぶ違う。追分に一泊した一行は、軽井沢を過ぎ旧道を通り坂本宿に泊る。碓氷《うすい》峠越えを英はつぎのように記している。「旧道でありましたから中々道が悪しく、飛石や礀石などの難所も思いましたほど難儀ではありません。皆一生の思い出に草鞋をはきたいと申しまして、大かたはきました。名物の力餅のおいしかったことは只今も忘れません」。筆者は碓氷越えを車で通ったため旧道は経験していない。だが、英の記述は「思いましたほど難儀ではありません」と気丈夫なところを見せている。今でも坂本宿に近い所に、当時の面影を偲ばせる「力餅」の看板が立っている。甘い物がそう多くない当時にあって、旧道越えも手伝って、「おいしかったことは只今も忘れません」は実感がこもっている。

翌四月一日坂本を出発して安中の手前を右に折れ、現在の上間仁田《まにた》あたりから富岡を眺めたのであろうか、英は「段々参りますと高い煙突が見えました」と富岡を目の前にし、「一同いよいよ富岡が近くなったと喜び」ました、と素直に認めている。だが「喜ぶ」と同時に続けて、「ここに初めて何となく向こうが気遣わしく案事られるように感じました」、と不安の念も表している。ここにきて初めて「国の業」の重大さを認識しての発言と考えていいだろう。

富岡に着いた英ら一行は佐野屋に宿をとり、翌四月二日製糸場に入る。先に述べたとおり、英は「驚き」を二つ使っている。一つは松代に比べ富岡が小さいので村落のように見えたことに対する「驚き」、他は多分こんな小さな村落に等しい場所に、「煉瓦造り」の壮大な建物を目の当たりにしての「驚き」であった。

いよいよ四月三日富岡製糸場で仕事に就くことになった。東西の繭置場は三四丈（一〇四メートル）、英らは西の繭置場で繭の選定を命じられた。なぜ繭を選り分けるかと言うと、無数に近い繭を釜でゆで糸を取る段階で、たとえば悪い繭が入っているとたいへん手間取るからである。その手間を省くため良い繭を選り分けるのだが、製糸場での第一歩が繭選びであった。最も初歩的な仕事と考えていい。初歩的といっても、この過程を経ないと、「光沢」ある糸があがらないので、どうしてもやらねばならない重要な仕事である。これは選ぶ前にちょっとした注意を与えれば、誰にでもすぐできる。

英は繰場の有様をつぎのように表している。「私共一同は、この繰場の有様を一目見ました時の驚きはとても筆にも言葉にも尽くされません。第一に目に付きましたは糸とり台でありました。台から柄杓、匙、朝顔二個（繭入れ、湯にこぼしのこと）皆真鍮、それが一点の曇りもなく金色目を射るばかり。第二が、ねずみ色に塗り上げたる鉄、木と申す物は糸枠、大枠、その大枠との間の板。第三が西洋人男女の廻り居ること。第四が日本人男女見廻り居ること。第五が工女の行儀正しく一人も脇目もくれず業に就き居ること」。横井小楠流に言えば「西洋器機の術」であるが、座繰の段階を抜け出ていなかった当時の日本の技術から考えれば、英が「一同は夢の如くに思いまして、何となく恐ろしいようにも感じました」と述べているが、これが本音であったと思われる。

つぎは糸取りである。「その頃釜の数が三百ありましたが、ようよう二百釜だけふさがって居ました。一切れ五十釜、片側二十五釜であります。その後に揚枠が十三かかって居ます。西から百釜分を一等台と申しました。その次五十釜を二等台と、その次五十釜三等台と申して居りましたが、私はその一等台の南側の糸揚げの大枠三個持つこと」になった。糸揚げは繭から糸を引き上げる作業であるが、繭選びと違ってこちらのほうが技術を要する。糸揚げが満足にできなければ、製糸場に勤務する資格はないから真剣である。英も例外ではなかった。糸揚げを先輩に教えてもらい、いよいよ一人で取る段になる。「さて弟子ばなれを致しまして、いよいよ一人で揚げますようになりましたが、その切れることお話になりません。何故と申しますと、糸とりが切っても一向につなぎません。殊に友よりでありますから少しむらになりますと、直に横に参りまして切れます。それを決してつなぐことが出来ません。……中々つなぎきれません。実に泣きました」。

繰糸場

西洋の近代技術がそう簡単に身につくものではなかったかは、英の涙ぐましいほどの努力がよく物語っている。「そのように切れますところから、私は常に至って神信心を致しまして、毎朝人より一時間位早く起きまして、両親兄弟姉妹その他の心願を一朝もかかさず祈念致して居りましたから、このような時も神の御力を願うより外はないと存じまして、糸を揚げながら一心不乱に大神宮様を祈って居りまして、南無天照皇大神宮様この糸の切れませぬよう願いますと、このことを申し続けまして少々切れぬことがありますと全く神の御助けと信じまして、その間は大枠と大枠の間の板に腰をかけまして、糸を見つめて両手を合わせ指と指とを組み、大声に申しつづけて居ります」。糸揚げができないうちは糸取りはおぼつかない。英の努力が実って、書生が「能く精を出します、今に糸とりにして上げる」との言葉に英は、「その嬉しさは今でも忘れません」と述懐している。こうして英は、糸とりの仲間入りすることができた。

五　一等工女

父が富岡へやってきた。その目的は、松代に製糸場を建設することになり、富岡製糸場の視察ならびに英ら一行を激励するためであった。いよいよ西洋の近代技術を国元へ帰って実際に指導しなければならぬ。ただ糸取りができる程度では、本来の目的は達成されない。「国の業」を松代で実践するためには、糸取りの業を練き上げなければならない。その心意気を英はこう述べている。

「父よりの製糸場創立のことも承り、また出精致しますよう呉々も申聞けられまして、一同実に勉強して居りました。一行一同一心に一ノ宮へ参詣して、業の上達致しますように祈って居りました。夜分互いに行き来致しまして、今日はどの位とれたとか糸が切れたとか、実に余念なく従事致して居りました」。

国元へ製糸工場ができることが現実化するに及んで英らは、実に熱心に精を出す。努力のかいあって、英ら一行一五人（坂西たき子病死）中一三人が一等工女の仲間入りをはたすことになった。

そのときの様子を英は、「『横田英、一等工女申付候事』と申されましたときは、嬉しさが込み上げまして涙がこぼれました」と正直に語っている。一等工女になると月給が一円七五銭になる。二等工女より二五銭のアップだ。月給が上がったことは喜ばしいに違いなかろうが、それよりまして技術の修得のほうがうれしかったに違いない。一等台へ移ることになって「業も実に楽」になり、「繭は一等でありますから大きい揃ったので、私たちも宜しゅうありますから、毎朝繰場へ参るのが楽しみで、夜の明けるのを待ち兼ねる位に思いました」。

　では、一等工女はどの程度糸を取るであろうか。英によると当時四升が通例であった。英は大体人並みに取り、今井けいは六升くらい取った。だが英も、努力によって六升取るようになる。生産向上に限界はない。一第工女が普通四、五升であった当時、実にその倍近い八升も取った工女がいたから驚きという他はない。生産量を決めるのは、技術の向上と生産にたずさわっている時間を長くすることである。だが、身体には限界があるから、むやみやたらに労働時間を長くすることはできない。そこで、決められた時間いかに無駄を省くかが生産量向上の決め手になる。四、五升から六升へ、さらに七升八升と上げるわけであるが、ここに工女の熾烈な生産量向上運動が展開される。まず小田切せんが八升取ったことが伝わる。英らも受持書生深井より八升取るよう諭される。英らはとても八升など取れるものではないと否定するが、今井けいと密かに計り八升取りに挑む。「私共とて同じ繭で同じ蒸気、一生懸命になったらとれぬこともありますまい。明日からやって見ましょう」ということになり、生産性向上運動が展開される。では、どうやって生産性を上げようとしたのか。まず第一は無駄話をなくし一心にとる。つぎに、トイレに行くにも帰るにも駆け足をする。こうして少しの時間も惜しんで、とうとう八升上げることができた。「そのように致しまして、たしか三日目頃両人とも八升上がりました。両人の喜びはどの位かわかりません」。八升取りが評判になり見学に来る者もあったが、別に秘訣があるわけではなく、「ただ油断が無いのと糸を切らさぬように用心を致しまして、湯を替えるにもとりながら追々さして、わざわざ手間を潰して替えると申すようなことは致さぬように気を付けて居りますばかり、すべて無益な時間のかからぬ用心のみ致しました位」、と簡単に言い切っている。

ここに一つのエピソードを紹介しておこう。和田初子との糸取り競争である。当時繭の量を升で計っていた。最初に八升あげたのは小田切せんであったが、続いて英や今井けいが八升に達した。これを聞いた和田初子が「そんなにとれるはずがない。七粒八粒付けてとったに違いない。桝数を上げさせたがって深井さんも黙って見ていらっしたのだ」と否定したため、英も「なんぼ深井さんだって七粒八粒付けさせて黙って見ていらっしゃるものですか。西洋人だって目があります」、と反論している。だが、この二人いずれ義理の姉妹になる仲である。というのは、和田英は実は本名横田英である。和田家に嫁ぐことになるが、このとき英はまだ一七歳、和田初子は英よりも八歳年長である。二人がこれほど火花を散らして論争したのは、おそらく松代へ帰ってからの身の振り方に関わってくるという重大な問題があったからかも知れないしました、英より八歳も年長でありながら後れをとったという負け惜しみも手伝っていたのかも知れない。この点、英は「和田さんはごく負けることの嫌いな人でありましたから、その翌朝から一心に桝を上げることを思い立って居られました様子で、その夜七升ほどとれたと申して居られましたが、私は何とも申さず、自分が八升つづけることばかり心にかけて居ましたから日々上げ居りました」。そうこうするうちに、和田初子も八升を上げることができるようになった。「私は心中おかしくておかしくてたまりません。夕方部屋へ帰りましたが、私は何も申しません。すると和田さんが、『ようよう今日こそ八升とれた』と申されましたから、私は笑いながら『それは結構でした。やはり七粒も八粒もお付けになりましたか』と申しますと、ははと笑われまして『あんなこと言って御免ネ』と申されました」。この時英のほうがお姉さんのような存在であった。松代に帰ってやがて姉さんになる和田初子であったが、どちらも劣らぬ気丈夫な女性であった。気丈夫でなければ「人の生き血を吸う」などと評判になり、工女が集らないなか、足かけ四日もかけて松代から富岡まで若い娘が糸取りに来るようなことはあるまい。

松代からの一行は「皆負けることが嫌いであります」と述べているとおり、和田初子も横田英も「負けぬ気が第一」であった。『富岡日記』もいよいよ終わりが近づいてくると、英の筆もさえてくる。たとえば、「桝数」の最後の箇所で英は、「業が上達致しますと、同じ枠をはずしますにも上達した人のを先に致します。書生はもとより中廻りでもいつもにこにこして、何を頼みましても直に聞入れて下さいます。やれいこひいきだの何のと申します人は、まず業の出来ぬ人の申すことかと存じます。我が業を専一に致しまして人後にならぬよう続けて居りますと皆愛して下さるように思われます。私共一行は野中の一本杉の如く役人も書生も中廻りも一人も松代の人などありませんが、皆一心に精を出しましたから、上は尾高様より下は書生中廻りに至るまで、皆台は違った所に居りましたが愛されて居りました。ちと申し過ぎますかも知れませんが、少しも飾りのないところであります」、と述懐している。

繭の選定、糸揚げ、糸取りと一年余り修業し、明治七年三月一日頃から糸結びを修業し、英ら一行は五月末頃六工社の工事もほぼ完成の段階に入ったので、糸結びを一ヵ月行い富岡を後にすることになった。時に同年(一八七四)七月のことである。和田英の『富岡日記』前記はここで終了している。この後、英は松代へ帰り糸取りの指導者として、さらに企業家精神をもって六工社の創業に力を注ぐ。「富岡風」が実践されるが、英はその水先案内人であった。

【注】

(1) 勝部真長他編『勝海舟全集 一』「開国起源 I」勁草書房、三四頁。
(2) 『唐人往来』『福沢諭吉全集 一』岩波書店、一二頁。
(3) 『増補農商建国弁』『明治文化全集』第二巻、経済篇、日本評論新社。
(4) 同右。『交易問答』
(5) 『国是三論』―『富国論』『横井小楠関係史料 一』東京大学出版会。
(6) 『富岡製糸場誌(上)』富岡市教育委員会、一八八頁。
(7) 『富岡製糸場誌(上)』一三九頁。
(8) 「御雇仏国人名月給並ニ工女給料郷貫」によれば、一等二五円、二等一八円、三等一二円、等外九円となっている。
(9) 『富岡製糸場誌(上)』。
(10) 和田英『富岡日記』中公文庫。

第四章　和田英と『富岡後記』

一　富岡風

富岡製糸場における一年余の伝習期間、英は糸取りに必要な技術を全て身につけ、松代に錦を飾る。英が強調する「富岡風」とはいったい何か。それは品質を落とさぬため、規則に従って粗製乱造を防ぐ方法で、英はこう述べている。「五十釜に三人、二十五釜に一人ずつ、一人は時間ごとに交代。一釜を三人で代る代るに糸をとって居ります。男女二人二十五釜の前に行き来して、糸のむらになりませんように見て歩きまして、太過ぎても細過ぎても切れてしまいます。湯かげん、しけの出し方、蛹の出し方等やかましく申されます。それで聞きませんと叱られます。その上西洋人が見廻りまして、目に止まりますと中に厳しく申します。これは直に工女中の評判になりますから、如何なる者も恥ずかしく思いますように見受けます。実に規則正しいもので、あれでなければ真の良品は製されぬかと思います。私は後年に至りましてもともかく富岡風で通しました。[1]」

「富岡風」とは原理に忠実でよい製品をつくることである。この「富岡風」が松代六工社で生かされることになる。和田英が「富岡風」を実践しようとしたことは、ややもすると生糸が外国貿易の対象となりよく売れ、よく売れればこそ粗製乱造を戒め信用を高めたいからであって、ここにも英の企業家精神がいかんなく発揮されている。例えば明治二年（一八六九）四月の『蚕種説』なる書物は、「今日の急務は、我国固有の産物を務めて是を増息せしめ、且其品位を佳好ならしめ外国製品に卓絶する様にし、粗悪の品造り出す事無き専一とすべく[2]」と強調している。さらに前述の論告書にも、粗製乱造が厳しく通達されている。こうしたことが強調される背景には、たとえば明治六年二月の『墺国博覧会筆記並見聞録』に、「生糸は、諸国の出品にこれあり、ことに伊太利ののもっともよしといふ、……わが国の生糸も、其性質はよからぬにあらねども、製法よろしからぬ故に、其売価は大いに下れり[3]」、とあることからも、富岡シルクが国際的に第一等の評価を得る必要があった。英が富岡を去るのは明治七年七月であるから、この記事は伝わっていたであろう。それゆえ、「富岡風」にこだわる理由はよく分かる。『墺国博覧会筆記並見聞録』は、最後に第一等、第二等の賞をとった国を挙げているが、それによるとフランス、オーストリア、ドイツ、イタリアなどが上位を占め、特にリヨン、ボヘミアが盛んであることが列記されている。残念ながら日本は第一等には入れなかった。創業以来一年余では第一等になるには余りにも時間が短すぎた。それゆえ、「富岡風」は西洋に追いつくため厳しい規則に従わなければならなかった。富岡の生糸は二等に入っている。「一等三等の褒賞を得るもの甚多し、わが国にて賞牌（第一等褒賞）を得たるは勧工寮、上州富岡、長野県筑摩県の生糸……」(4)とある。フランスやドイツ、イタリアに対抗するために粗製乱造では追い越すことはできない。あくまでもブルューナをはじめ外国人の言うことをまず守って、西洋に負けないだけの生糸を作ることが、当時の国家的事業であり、富岡製糸場がその任に当たったとすれば、英が「富岡風」を六工社で試みたことは当然の事と言わねばならない。

大きな使命を背負って松代に帰るが、英の言葉は六工社での期待と不安をよく伝えている。松代への帰国は英を先頭、つぎに和田初子が続く。英は先頭をいくことを固く拒否した。尾高様の意志ということで承知するが、それよりも英の心配は他のところにあった。「この度業を卒えて帰国致し、創業の製糸場へ参りましても、機械その他が富岡のように出来て居りますれば何も差支えなけれども、何と申すも政府の御力で立てて居ります所と、その頃の人民の力で致すこと、万一成功致さぬ時は、私共は世間の人に何と申されましょう」(5)（以下引用は同じ）。世間に顔向けができなくなるようなことがあれば、と不安の色をつのらせつつ「責任は自分が第一重いように感じまして、今まで喜び勇んで居りましたが松代が近くなるほど心配が増し」てきた。久しぶりに帰り両親姉妹兄弟の他親族知己に会い実にうれしかったが、「この先が心配でたまりなせん」と六工社で果たしてうまくやっていけるかどうか、不安を募らせている英の姿を垣間見ることができる。

なにはともあれ、富岡製糸場での修業が民間の六工社で試されることになった。富岡製糸場での結論が松代六工社の端緒となった。英の力が試される時がきた。

二　六工社製糸場

明治七年七月七日松代へ帰った英は、七月九日埴科郡西条村六工に建設された六工社製糸場へ出掛けた。初めて六工社を見た英は、その時の様子を「機械その他を見ました。兼ねて覚悟のことなれば別に驚きも致しませぬ。却って能くこの位に出来たと思いました。しかし富岡と違いますことは天と地ほどあります」(6)。官営富岡製糸場と六工社では、英が天地の差があると言うのも無理からぬことであった。だが、当時は座繰が主であったから、蒸気で糸が取れるだけでもよしとしなければならなかった。

富岡帰りの仲間一行は七月一一日から仕事にかかっている。いよいよ「富岡風」を実践することになった。だが、富岡製糸場と異なって繭の質が悪い。機械設備も十分でなくその上繭の質が悪いから苦情が出る。六工社での初日、英はこう記している。「釜場のありました通りの真向き南側でとり始めまして、代る代るとりましたが、何を申すも天日で干上げた小粒な繭でありますから、繭に重みがなくて、その糸の口の細きこと、指にべたべた付きまして実にとり悪きことは富岡で一度も手がけたことがないように覚えました」。無理もなかろう。よりすぐった最良の繭を大管で蒸した繭と天日で干上げた繭とでは、すでに取る条件が違う。「富岡風」と意気込んでみたところで比較にならない。英が偉かったのは、けっして不平側に廻って条件の悪い六工社を批判したのではなく、そうした条件でいかに品質の良い生糸を取るかを考えたことである。不平を言っても、すぐ改良するだけの力が六工社にあろうはずがない。「繭が悪い、機械の具合が悪い、蒸気が立たぬ」、富岡製糸場と比べたらそれこそ糸は取れない。その悪い条件のなかで良い糸を取るのが英らの仕事であった。こうしたとき、英が皆に向かって力説したのは「国のため」であり、さらに「世間の人」に申し開きが立たぬ、という点であった。

つぎに六工社での糸取りには利潤という問題がある。小野組の下請けをやっていた六工社にあっては、国のためとはいえ利益を上げねば会社の存続はない。富岡製糸場は官営模範工場であるから利益を度外視してもかまわなかったが、六工社ではそうはいかない。英らと会社側では糸の取り方をめぐって意見が分かれる。英も会社側も国のためということでは一致するが、採算をどうするかという点で両者の食い違いが生じる。その一つに、糸取りの際練糸にするか生糸にするかで意見が分かれた。英らはあくまでも練糸を拒否した。「富岡風」と練糸ではどう違うかというと、「富岡風」は蒸気で繭をやわらかくするが、練糸の場合「もっと能く煮て繰る」ため、前者に比べ糸の量が増える。だが、品質の点で劣る。練糸を主張する大里氏と英との見解の創意は、生糸の品質にある。大里忠一郎は当面の利潤を上

大里忠一郎らが創業した当時の六工社（『松代／歴史と文化』より）

げねばならないからそう厳しくしなくてもよい、と言う。これに対して英らは、煮て取ると糸が悪くなると主張し、これぱかりはいくらやれと言っても聞くわけにはいかぬ、と「富岡風」を守ると言いはる。「生糸こそ習って来たが練糸なんか習って来やしない。いくら煮ろと言われても煮るものか」、と固い決意のほどを見せつけている。

大里忠一郎（『松代／歴史と文化』より）

そこで大里夫人が煮て取ることになったが、煮たほうが糸が太くなっているため、目方のほうはどうしても増える。二升で二匁くらい違う。煮たほうが目方が張るから、「富岡帰りの奴等が頑張ってばかり居って目方を切らす。こんな目が出るから、これから何と言っても皆にあの通り煮てもらう」、と強調した。これは座繰による方法である。英らに言わせれば、座繰をやるのであれば何も富岡までいって蒸気仕込みを覚えてくる必要はないし、もし会社がその気なら「もはやこのような所には居らぬ。あんな煮くされ糸の節だらけの物と私たちのとった糸と一つにされてたまるものか」、ということになる。そこで英は一つの提案を行う。このまま会社を出ていったのでは解決にはならない。ここは一つ「富岡風」の糸と練糸を横浜に持っていき、西洋人に値をつけてもらってはどうかと。「もしあまり値が違わなくて、煮てとったほうが製糸場の利益になるなら、その時は煮てとります」。英は開き直って同僚と会社側を説得する。

そこで英は会社側につぎのように説明した。「この度お里さんが糸をおとりになりまして、目方が多く出ましたに付き、私共一同もあのように煮てとらせると仰せられたと申すことを私共承りました。一応御尤ものようでありますが、私共とて煮てとる位なら富岡までわざわざ修業には参りませぬ。生糸こそ習って参りましたが、練糸は覚えて参りません。つまり価が分からぬから皆様も御心配になりますことでありますから、お里様のおとりになりました糸と私共が繰りました糸、双方横浜へお遣わし、西洋人に価を付けさせて下さいますよう、万一あまり双方価が違いませんで、煮てとります方が製糸場の御利益となると申すことになりますれば、何も国のためでありますから、一同改正致します。何を申すも西洋人の相手のことでありますから、その方を聞かぬ先には決して改正することは出来ませぬ」。

このやりとりはどうみても立場が逆である。英の立場を会社側が主張するならいざ知らず、従業員である英らが会社をリードしている。この当時、おそらく使用されているという意識が薄かったであろう英らが、女工ではなく工女として「富岡風」をかくも固く主張したのは、先に触れたように、日本の生糸を第一等にしなければならないことをよく知っていたからである。そういう意味で、英らのほうが世界の情勢に明るかったと言ってよい。大里氏と英らの決定的な意識のずれがあった。英は真剣に六工社を富岡製糸場のようにもっていきたかった。それだけの責任が自分にはあると本気で考えていた。だから、「ぶた、ぶた」と呼ばれるのは我慢できたが、

やめておくれよ西条のきかい、末は雲助丸はだか

といやがらせさせられるほうがはるかに辛かったのである。そのような事が起こらないよう神仏に祈念する日が続いた、と述懐していることが何よりの証拠であろう。

六工社が潰れたのでは、英らの努力も水の泡に期してしまう。どうしても存続させなければなら

ない。世界の実情に暗い大里忠一郎や会社側に蒸気むしの生糸のほうが練糸より高価であると教えることは、経験のない者には無理であった。後に、大里氏は「実に知らぬ時というものは、あんなことを申して、今になって見ると実に面目次第もない」、と素直に世界の実情に暗かったことを認めている。だが、英らの強情が後に六工社の生糸を高めることになる。「富岡風」が外国で評価されるが、その様子を英はつぎのように力説する。これは「中村氏物語」と英が述べているもので、六工社の生糸売込みに関わる物語である。中村氏は悪い繭でとった真っ黒な糸を売込みにいった。他の人は皆真っ白な糸を持ってきているので、検査場へ出すのが恥ずかしくて後ろのほうに引っ込んでいた。ところが、その黒い糸を西洋人が見て「これは珍しい糸を持ってきた。これは蒸気機械の糸ではないか」と言って、「このような糸なら何ほども買ってやる」ということになった。中村氏は初めて蒸気機械による生糸が高く売れることを知った。練糸に抵抗したことが正しかったことを告げるものであった。この報告に英が喜ばないはずはない。「母も私も生きかえったような心持ちが致しまして、口も結ばれぬ位喜ばしく感じましたが、何を申すも売込まぬ先は口に出す訳には参りませぬ。殊に煮てとらせてくれと申された時、大里夫人のとられた時、私が先に立って立派なことを申して強情を張りましたことでありますから、実に実に嬉しく言葉に尽くされませぬ」。

『富岡後記』は、「売込み後の六工社」をもって終わる。そのなかで英は、「六工社とさえ申せば生糸では並ぶものがないと人々に思われるようになりました。あたかも旭の昇るが如き有様でありました。僅か半年も立たぬ内にかくまで相変ずるものかと、ただ驚きの外はありませぬ」。英らの努力によって六工社の生糸は西洋人に認められ品質が良いと評価されるようになり、「豚」とか

「末は雲助」の悪口も聞かれぬようになった。「富岡風」で押し通した英らの勝利である。その英は「この上ともますます勉強して製糸場の隆盛になりますよう、また二つには富岡製糸場の御名を揚げたいと日夜念じて居りました」、を最後の言葉にした。大正二年（一九一三）一一月二五日付になっている。

和田英が富岡製糸場、六工社に勤めていたのは明治六年、七年頃であるから『富岡後記』は四〇年も前の出来事である。英が他界するのはそれから数十年後の昭和四年であるから、生糸産業が斜陽化している今日から見れば、むしろ彼女の一生は幸福であった。英七三歳の生涯において、富岡製糸場、六工社時代はほんの一時期にすぎない。だが、英はこの短い間、人が一生かかっても経験することができない体験をしている。これについて生まれた時期がちょうど近代日本の出発点に合致していた、という条件をあげることができよう。さらに、富岡製糸場が工女の募集をしたとき集まらなかったため、士族の娘が送り込まれたという条件も重なっていたことをあげなければならない。だが、これだけで和田英の存在を理由づけることは不可能である。それが証拠には松代から十数人も名を連ねているし、日本全国からは何百人もの工女が来ていたわけだから、客観的条件は彼女らに皆備わっていた。こうした人達が皆和田英のようになっていたかというと、そうではなかった。ということは、英の資質が他の工女と異なっていたとみなければならない。

では、英が、『富岡日記』、『富岡後記』で見せたあの精神構造はどこからくるのであろうか。富岡時代の伝習生としてさらに、六工社における師範としてのエートスは何であったか。僅か一七、八歳の、今日では高校二、三年の時期に相当する英の強靭な精神はどこに存在したのであろうか。

この究明なくして富岡製糸場、六工社の和田英を真に理解したことにはならない。英のエートスを思想と呼ぶには抵抗があるかも知れない。また、実践家と呼ぶには実社会での生活は僅かである。英をどう位置づけるかは意見が分かれようが、まず、彼女のエートスがどこからきたかは追究しておく必要があろう。

三　和田英のエートス

(一)　東洋道徳・西洋芸術

小楠のような人物は、ペリー来航を冷静な目で見ることができた。それゆえ分別ある行動も可能であった。つぎに天保生まれの人達はどうであろうか。それも初期に生まれた人達は、ペリー来航を多感な青年時代に迎える。小楠と天保生まれの人達では、受けとめ方が異なる。では、ペリー来航直前の人達はどうであろうか。津下四部左衛門はペリー来航時はまだほんの子供であった。分別がなく開鎖紛々とするなか、急激な攘夷論の道を歩んでしまうような人もいた。では、天保生まれの人達はどう行動したか。これらの人達も開鎖をめぐって意見が分かれ、尊攘思想をめぐって互いに対立し合い、血みどろの闘争を繰り広げる。

英が生まれたのは安政四年（一八五七）である。幕末から明治維新にかけてその人の思想がどのような位置にあるかの一つの目安は、一八五三年のペリー来航時にはどのような状況にあったかは大きな要素となろう。伝統的な思想に留まるか革新的なそれへと移っていくかの目安が、ペリー来航時の対応によって決まるからである。たとえば、一般に言われているように、横井小楠と天保生まれの人、さらにペリー直前に生まれた横井小楠の首を取った男津下四部左衛門のような人では、それぞれ生まれた時期が異なるためペリーの衝撃に対する受けとめ方が違う。横井小楠は文化六年（一八〇九）生まれであるから、ペリーが来航した時すでに四五歳を超えていた。

世情に暗い人達は攘夷論を掲げ旧体制に止まろうとし、開国進取を実践する人は国際的感覚を先取りし積極的に外国と交わり、物の交易ばかりでなく知恵の交易も行う必要があると力説した。だがこの時期、開国進取を強調することはたいへん勇気がいることであり、命をかけてやらねばならなかった。松代には横井小楠と同時代生まれの佐久間象山がいる。象山は文化八年生まれ、小楠より二つほど若い。だが、天保生まれやペリー直前に生まれた人達とも違う。開鎖両論紛々とするなか小楠や象山は、一種の水先案内人のような役割を果たしている。ペリーを冷静に受けとめることができた小楠や象山は、あくまでも過激な行動に出ることはなく西洋の文物制度、とくに科学技術を利用して国家を強くしなければならないと考えた。特に佐久間象山はその傾向が強い。象山はあくまでも科学的、分析的に行動しようとした(7)。同じ文化年間生まれの人達のなかで、これだけ冷静に西洋社会を見ていた人はそうはざらにいるものではない。

和田英は安政四年生まれであるから、ペリー来航四年後に生まれたことになる。すでに外国との条約が締結され国際社会に仲間入りし、開国進取が輿論となりつつあるという状況のなかで育ち、明治維新には一二歳になっている。開国進取がどうあらねばならないか、採長補短の思想がどうかという点について、ある程度知っていた。そういう意味で、ペリー来航前の人達とこれらの点が決定的に異なる。つまり、ものの価値観、見方が激変する社会ではなく、ある程度方向性が決まった時期に生を受け育ったことが、ペリー来航前の人達と決定的に違うところであろう。ペリー来航、条約締結、開国進取、大政奉還、明治維新、近代化、産業化という国是に沿って育ったことは、英のエートスをある程度方向づけしてくれたと見ていいだろう。

松代藩の伝統はもちろん儒学であるが、そのなかでも第六代真田幸弘のとき文武学校を設置、特に『論語』に力を入れて教育に当たった。これ以降、松代藩の教育風土というものが定着していったのではないか。恩田杢民親、佐久間象山らの著名人が文学館と関わったということは幸を得たと言ってよかろう。恩田杢民親の財政改革、佐久間象山の開国進取などの遺産が横田家や英に大きな力となっていることは、疑いを得ない。質素倹約ではあるが何事にもチャレンジしてゆく松代の藩風が、「横田の貧乏《びんぼ》」と言われながらも、開国進取へ向かわせたと言っていい。

英の考えは、あくまでも儒教的精神風土を超えるものではない。困った時いつも神仏なる言葉が出てくるが、これは苦しい時の神だのみと見なしていいであろう。そのことなしに、英のエートスを考えることは不可能である。

佐久間象山の言葉に、かの有名な「東洋道徳・西洋芸術」というのがある。横井小楠の「堯舜孔子の道・西洋器機の術」と対比されているが、一般に佐久間象山の「東洋道徳・西洋芸術」がよく使われている。これは象山が『省諐録』で、君子の五つの楽しみの一つにあげているものである。ちなみに象山は、「一族のものがみな礼儀を心得ており親子兄弟の間に不和がないこと、これが第一の楽しみである。金品の授受をいいかげんにせず心を清く保ち、内には妻子に恥じず外には民衆に恥じない、これが第二の楽しみである。聖人の教えを学んで天地自然や人間の大道を心得、時に動きに随いながら正義を踏みはずさないようにし危機に際しても平常と同じように対処できる、これが第三の楽しみである。西洋人が自然科学を発達させた後に生まれて孔子や孟子を知らなかった理を知る、これが第四の楽しみである(8)」。最後が「東洋道徳・西洋芸術」である。これら象山の五つの楽しみは松代藩の伝統を伝えている。文武学校では安政医学（蘭学）など採り入れるが、伝統と革新が松代藩の特色であり、象山のような人物を生む土壌をつくったと言ってよかろう。

文武学校

象山は気性の激しい人物であったようである。さらにたいへんプライドの高い人でもあった。だが、それだけ象山は学問も深かったし、単なる博識の人であっただけでなく実践家でもあった。この実践家という点が「西洋芸術」つまり「西洋技術」と結びつく。知識をどれほど積んでも実践に応用できなければ、単なる物知り以外ではあり得ないというところが象山にはあった。「東洋道徳・西洋芸術」はそのまま松代藩に当ては

中村不折の描いた象山画像
(『松代／歴史と文化』より)

まり、英にも受け継がれていたと見ていいであろう。

恩田杢民親の流れを含む質素倹約の風習つまり東洋道徳の流れ、それと常に外に目を向け、採り入れるものは積極的に採り入れようとする西洋芸術が真田の伝統であり、松代藩の伝統であった。象山に代表される思想が英に影響を及ぼしていたことは、『富岡日記』や『富岡後記』を見ればよく分かる。

おそらく、「西洋芸術」を推し進めてゆけばその延長線上に富岡製糸場が浮かび上がってくることは疑いをいれまい。象山は残念ながら、維新直前の元治元年（一八六四）時勢に暗い攘夷論者の手によって五四歳の生涯を閉じる。もし象山が生き長らえたとしたら、「西洋芸術」を富岡製糸場とはまた違った形で実現していたかも知れない。そういう意味で、英が活躍した数年間は、「西洋技術」の実践と考えていいであろう。とするならば、同じ郷里を持つ象山も喜んでくれるであろう。

(二)『我母之躾』

「東洋道徳」は儒教（朱子学）である。松代藩では文学館創設以来、仁愛特に『論語』が伝統的に重んぜられ、「東洋道徳」はその延長にあり、「横田の貧乏」はこの伝統のなかにあった。もちろん、英がこの家風に染まらないはずはない。特に英の母は、そうした伝統のなかで子供の教育にあたっている。

明治六年三月二六日松代を出発する日、母亀代は英に、「この度お前を遠方へ手放して遣わすからには、常々の教えをよく守らねばならぬ。また男子方も沢山に居られるだろうから、万一身を持ちくずすことがあっては、第一御先祖様に対して申し訳がない。また父上や私の名を汚してはなりませぬ(9)」、と厳しく伝えている。母亀代の口ぐせは、「御先祖様に対して申し訳がない」であった。

では、亀代のこの精神はどこからきているか。それを知るのに恰好の資料がある。明治四四年（一九一一）五月七日付となっており、松代学校に母亀代の写真が飾られたのを機に、母について英が寄稿したのが『我母之躾』である。元来題名は『亀代子の躾』となっていたが、編者が『我母之躾』に変えたものである。英は「はしがき」のなかで、「私が幼少より此老年に成りますまで、一日片時も忘れぬ様身の守りと致して居りました母の教訓をまはらぬ筆にし少しばかり認めました(10)」、述懐しているが、「一日片時も忘れぬ」母亀代の躾はどのようなものだったのか。

「御先祖様に申し訳がない」、がまず第一にあげられている。それは「恥ずかしいとは思はぬか」と題してつぎのように述べている。「私共幼少の頃先祖の事を常に申聞かされ、私共が行儀や言葉をあしく致し、又いやしい事を致しますと、母はいつ

象山神社

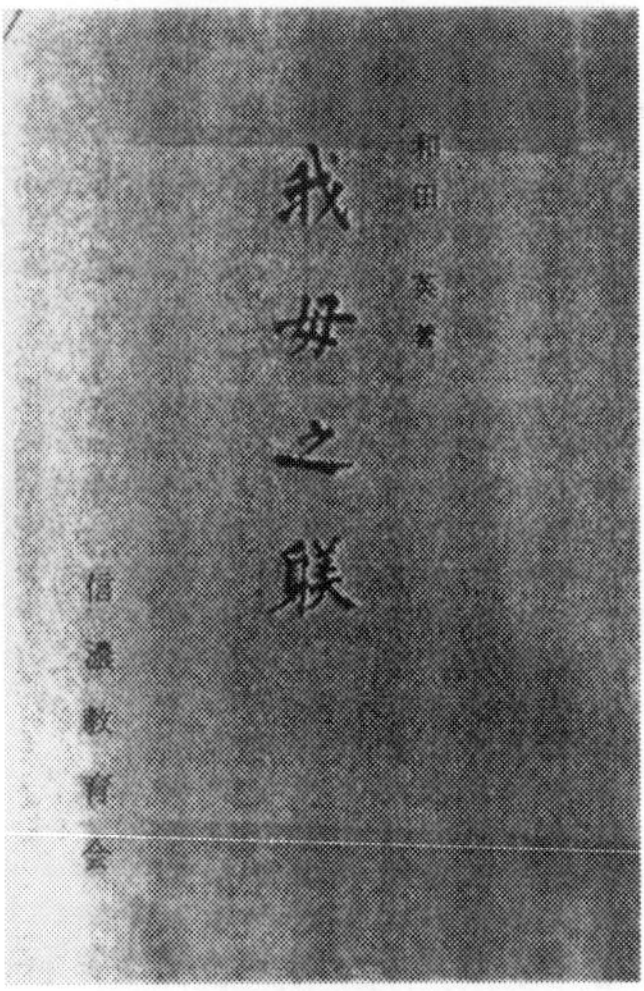

『我母之躾』

も『御先祖様はお大名であった、いかに身分は下っても人の家来に成ったとて行儀や言葉をよくし心を正しく持たねば御先祖様にたいして申訳がない、其様な事をして先づ恥ずかしいとは思わぬか』としかられました[11]」。亀代の言葉は、『小学』や『大学』を想い起こさずにはおかない。英が亀代の「行儀」や「正心」を第一にあげていることは、よほど心に強く残っていたからであろう。儒教、朱子学ではこの二つの点を特に大切にする。例えば、『小学』には、「孔子曰く、弟子入りては則ち孝、出でては則弟、謹みて信あり、汎く衆を愛して仁を親しむ。行ひて餘力有らば、則ち以て文を学べ[12]」、とある。さらに『大学』では「正心」を強調するが、この箇所は「所謂身を修むるは其心を正すに在りとは心忿懥する所有れば、則ち其の正を得ず、恐懼する所有れば、則ち其正を得ず。行楽する所有れば、則ち其の正を得ず。憂患する所有れば、則ち其の正を得ず[13]」、「此れを、身を修むるは其の心を正すに在り、と謂う[14]」、ものである。

儒教とくに朱子学では厳しく身を律することを教える。どのようにして身を修めるかと言えば、仏教が修業を通して空の概念を教えるのと同じように、儒教では現実の社会のなかで人の道を教える。その具体的な展開が『小学』であり『大学』である。もちろん、朱子学が強調するように『論語』、『孟子』、『中庸』などが含まれていることは言うまでもない。亀代が「修身」を行儀や心を正すことを教え込んだことは儒教そのもの、「御先祖様……」は「斉家」の表われであると言ってよい。亀代の躾は英にもそのまま受け継がれている。後に横田正俊は「和田の伯母さんの思い出」にこう書いている。「和田の伯母さんは、その盛さんを実の子供のように大切に、しかもきびしくしつけられたということです。この子どもに対するしつけのきびしさは、横田家の伝統と申しますか、伯母さんの母（私の祖母）きよ（亀代）の育児方針と申しますか、伯母さんご自身が『亀代子の躾』という書き物の中に書き示されたようなものであったことは、察するに余りありますが、盛《もり》さんは、小さいときから気性が強く、非常なわんぱく小僧であったようでありますから、そのしつけはなかなかめんどうで、さしもの伯母さんもてこずられたように聞いております(15)」。ここに出てくる盛《もり》さんとは、和田英に子供ができなかったため、英の妹のつやの子供一輔を養子とし盛一と改めたその盛《もり》さんである。この盛一に対して英は「横田流」の厳しい教育を行ったわけであるが、それは亀代からの直伝であった。

では、英はどうであったか。横田正俊はつづけて「横田流」についてつぎのように述べている。「私の父母の子どもに対するしつけも、横田流の体刑まで伴ったなかなかきびしいものでしたが、私どもはわりあいおとなしく、さまでめんどうなことも起こさなかったためか、『横田の子どもは行儀がよい』と和田の伯母さんには評判がよかったようです。そして、伯母さんが激しく叱られるときは、目に涙を浮かべ、『そのようなことをして、ご先祖様にすまぬと思わぬか』と、畳をたたかれるところから、われわれは、和田の伯母さんのことを、『悪いことをすると、畳をたたいて叱る伯母さん』などと陰口をきいたものです(16)」。

このように、英が、亀代譲りの儒教的精神を身につけた人であったかがよく分かったであろう。さらに『我母之躾』がどうであったかを追ってみよう。第三に、「心に恥ぢぬ様な行をせよ」というのがある。英は亀代からつぎの二首を申し聞かされ、始終忘れずに守っていたという。

人問はゞ鷺を烏と言ひもせめ心が問はゞ何とこたへん
人知らぬ心に恥ぢよ恥ぢてこそついに恥ぢなき身とはなりなん(17)

続けて、第四に「我が身を抓《つね》りて人の痛さを知れ」、第五に「目上の人を敬へ」などが見えるが、典型的な儒教、朱子学の教育の下に育ったかがうかがえる。「どの様な場合にも目上の人に対して口返答する事をかたくいましめられました。何事にても申付けられた事は直ぐにして、いや相な顔などしてはならぬと常に申聞かされました。万一小言でも申しましたら、非常な仕置を致しました。其為に一人として目上の人に口返答した者は有りませぬ、如何なる人にても目上の人はうやまねばならぬと常に申聞かされました(18)」（以下引用は同じ）。

ここで誤解のないように言っておかねばならないことがある。「どの様な場合にも目上の人に口返答をしてはならぬ」の真意は、上の者が正しいことを言っているということが前提である。つまり、上の者が身を修めていなければいくら口返答するなと言ってもそれは無理である。何でもかんでも従わせるのは封建道徳である、と短絡的に考えるのは早計である。ややもすると、上の者が一方的に言ってきても受け入れねばならないのか、という議論をはく人もあろうが、これはすでに出発点が違うため論外である。亀代が言っているのは、目上の人がそれにふさわしく正しい事を言ったり、行ったりしているということが前提であることを忘れてはならない。つまり、儒教倫理は一国の長、一家の責任者が「本然の性」（仁義礼智の四徳）をどこまでも明らかにし、絶対善まで高めることを教えている。簡単に言えば、『大学』で言う「明徳」で、自ら徳を修めない者がどうして他人を教化することができようか、ということになる。換言すれば、「明徳」を明らかにしないものがどうして「親（新）民」（民を新たにする）ことができようか、ということになるからである。その背後に「修身」があることは言うまでもないが、身を修めないものがどうして家を斉めることができようか、ということである。とするならば、母亀代が英に対して「御先祖様に申し訳がない」と言う意味が理解されようし、母の直伝による英の「御先祖様に申し訳ない」もまた、どういう意味で使われているかも理解できよう。

第一八に「私共の平常」というのがある。この頃は横田家の普段の生活、そのなかにいかに儒教的精神が生き生きと息づいているかを物語るので少し長いが全文を掲げておこう。「母は至って話ずきの人で、無言で居ると申す事は大病の時位で有りました。私共幼小の頃から、たえず忠臣孝子名将勇士勇婦節婦方の物語など小説実録などで見ました事を子供一同に話して呉れました。夜分こたつに当ります時は、皆一生懸命に聞いて居りました。又教訓になりますと歌などもいつも〳〵聞かせましたので、皆喜んで聞いていました。又あしき事を私共が致しました時は、中々きびしく申聞かせもし、土蔵へも入れましたが、一度も八ツあたりだの、母が心おもしろくないとして子供に当ります事はありませぬ。それ故一同母にしかられます時は、申し訳がないと心中から思って居りました。詫が叶ひまして許すと申すと、又平常の通り笑顔をして何事も申しましたから、皆母の怒ります顔を見ますのが何程つらかったかわかりませぬ。

何事もない時は皆と一緒に笑ったり話したり、何かよい事でも致しますとほめて呉れました。少しもこはい顔などした事は有りませぬから、一同楽しく育てられましたのは実に幸福でありました」。「横田の貧乏」と言われながら母亀代の厳しくも暖い家庭環境のなか、英は儒教倫理を知らずしらず身につけてゆく。

第三〇に「決してうらみを返し、又仕返しをしてはならぬ」、第三一に「人と交わる時は誠を以てせよ」、最後三二に「恩を受けた事を忘れてはならぬ」とある。後に英が養子盛一を育てる時、その育て方は亀代から見れば英は母の資格がないほど甘やかして育てている、と注意を受けていること宜《むべ》なるかなと思われる。亀代の目から見ればそう映る。それほど亀代の愛は厳しかった。この点、英も母には適わなかったようである。それは第二六に「育てそこなへばお前の科だ」に出てくるもので、目前の愛におぼれて甘やかし、育てそこなえば英の科というのである。亀代の目から見れば、英の躾もまだまだということになろうか。

亀代の教育は儒教に則っている。特に松代藩では『論語』が据えられた。文武館からは儒教（朱子学）の伝統で育った優秀な人材が出ている。松代の藩風とでも言おうか。母亀代はそうした精神風土のなかで育ち、英らの教育にあたった。「横田の貧乏」がかえって幸いしたのかも知れない。こうした儒教的精神風土のなかで、横田家では英をはじめ、有能な人物を送り出している。英には一〇人の兄弟姉妹がいた。弟秀雄は大審院長、謙治郎は鉄道大臣、貴族院議院、俊夫は（朝鮮）大邱地方院長をそれぞれ勤め上げた。秀雄の子供正俊は最高裁長官、その弟光俊は一橋大学教授を務めた。

高等小学校を卒業して長野師範に入った秀雄は、東都遊学の希望捨てがたく母に頼んだが、当時東京に遊学して成功を収めた者は一人もなく、親類が大勢で反対した。このとき亀代は、「たとひどんな結果になろうとも決して悔みませぬ。この信州の養蚕家が蚕がはづれるかも知れないと思っても掃き立てずにいられないではありませぬか。私はあの子を信じています。万一あの子に間違があったならば私は蚕が違った時と同様それも運命だと思ってあきらめるつもりです」、と言って親類の抗議を反けている。秀雄も母の期待に応えるため学業の成績を上げ、母を悦ばせ安心させることを考え、一心不乱に励んだと述懐している。秀雄は「あの子を信じる」この一語が私を今日に導いてくれたと強調した。そう言えば、明治六年三月富岡へ出発する英に、亀代は「その一言でまことに安心した、必ず忘れぬように」、申し送っているが、

表3　横田家系図

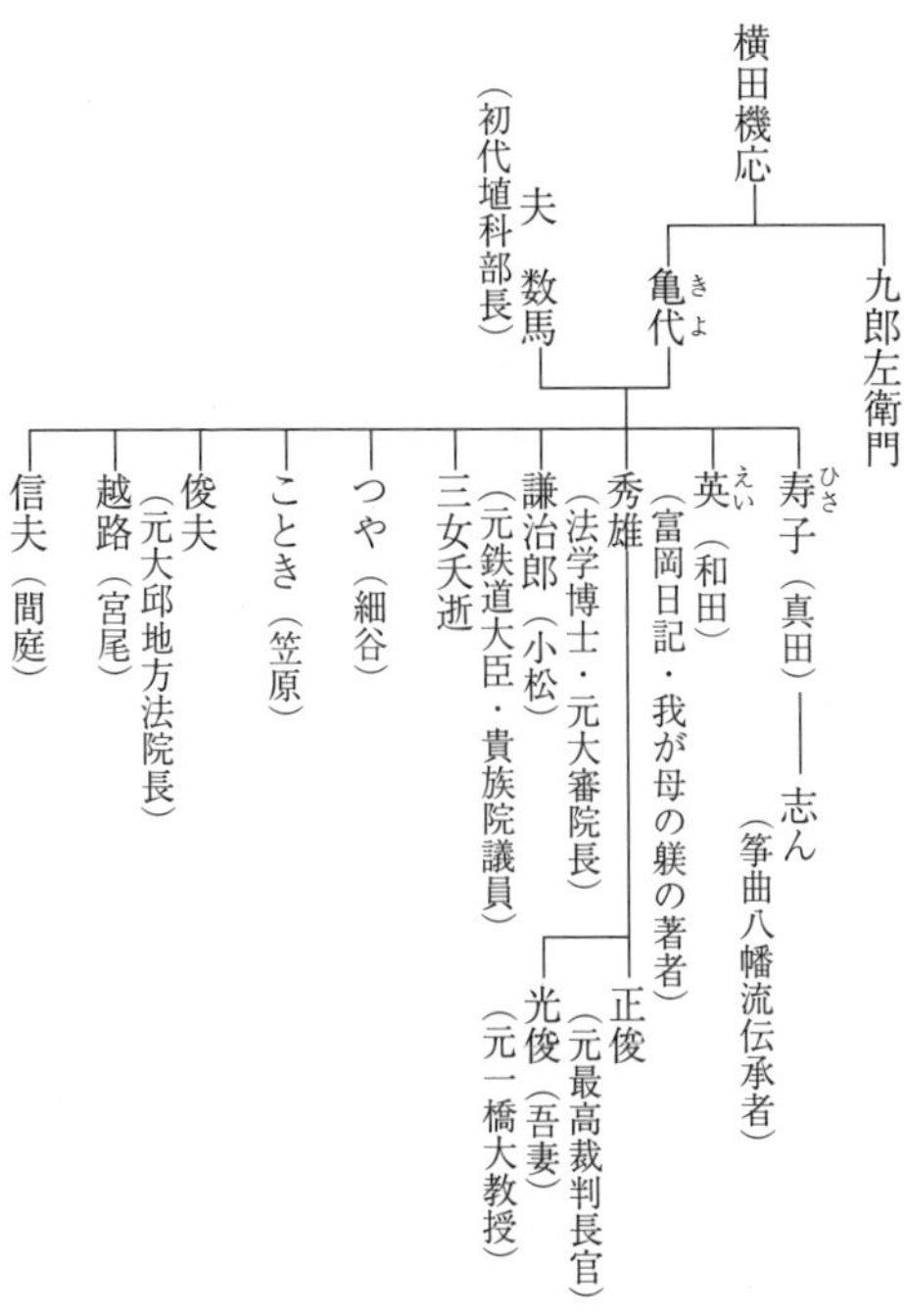

（出所）信濃毎日新聞社編『松代／歴史と文化』より

「あの子を信じる」であったに違いない。英も秀雄同様一日も忘れず一心不乱に糸取りに専念したわけである。

間接的であるが、英に強い影響を与えた人に亀代の兄九郎左衛門がいる。亀代は幼くして母を失ったので、九郎左衛門に厳しく躾られた。秀雄は「私共は何時でもその伯父の九郎左衛門の事を例にして、母より訓戒を受けたのでありまして礼儀も正しく七歳くらいのときから親戚の交際の折りくには必ず挨拶に行かされました」、と九郎左衛門について触れている。

母から儒教的倫理を教え込まれた英は、「東洋道徳」の他「西洋芸術」のほうはどこから受け継いだのであろうか。企業家精神はどこからきたのであろうか。『富岡日記』には「富岡強兵と横田家の悲劇」の項があるが、英はかなり力を込めて書いている。英の母亀代の兄九郎左衛門についてである。厳格と思われる亀代に教育した九郎左衛門とはどういう人物か。そして英は九郎左衛門をどう受けとめているのか。富岡製糸場、六工社、その後数年製糸場に関わった英の「御先祖様に申し訳がたたぬ」という意識とは別に、常にチャレンジ精神を忘れず、前向きの精神構造はどこからきたのか、その鍵を握っているのが九郎左衛門であったと考えていい。

(三) 富国強兵

英に大きな影響を与えた人は母亀代の兄九郎左衛門である。英がどれほど影響を受けているか、『富岡後記』で他の項目をはるかにしのぐ分量を費やしていることによって知ることができる。それも分量ばかりではない。英のなみなみならぬ決意のほどが、われわれを圧倒するほどの迫力を持っている。これほどまで影響を与え、横田家の悲劇とまで言わせた九郎左衛門とはどのような人物であったのか。彼の富国強兵策はどのようなものであり、英にいかなる点で影響を与えたのか。「富岡強兵と横田家の悲劇」に沿って見ていくことにしよう。

横田機応つまり英の祖父は甲州流の軍学の師範をしていた人で、常に富国強兵を唱え、何ほど兵があっても国が富んでいなければ強い兵は仕立てられない、と主張していた。実は九郎左衛門はこの軍学の影響により、何とか松代藩を富まさねばならないと考えた。松代藩にはこれといった産物がないので、物産を興そうと各地を見聞し松代に適った方法を探し求めた。北は奥羽の果て南は日向大隅まで足を伸ばし探索した結果、豊かに富んでいる所は皆、港を持っているとの結論をえ、そこで松代に港をつくる計画をし、藩に建白したところ許可が下り、築港することになった。松代に港をつくるといっても千曲川を利用して、越後の大滝を切割りし舟で交易しようという当時にしては大胆な計画であった。越後は大豆、小豆のできない国だから松代の大豆を越後に送り、代わりに鯡、鰯その他の魚類の肥料を持ち帰り、農作物の肥料にあてれば一挙両得と考えたのである。いわゆる松代と越後の交易である。横井小楠に言わせれば有無貿易であり、貿易とは本来こうした形態を指している。この方法はけっして重商主義的なものではない。互いに得意とする産物の交換であるから健全な富国策である。相当な費用と労働力を費やした。川底が岩盤であったためずいぶん苦労したようである。それでも成功のうちに開通にこぎつけ、初通船には越後の産物を満載し入港することができ、横田家一族や同志、それに松代公も殊のほか喜んでくれた。これから産物の交易を拡大しようという矢先、徳川から「大滝通船差止メ」が言い渡された。富国強兵の富国策が徳川の掟に触れたのである。つまり徳川が松代の繁栄を嫌い、謀叛を企てはしないかと疑ったためである。パックス・トクガワーナが大きく立ちはだかった。徳川一家のための便利私営に反したのだ。当時九郎左衛門の真意が分かるはずがない。徳川が否定するものを続けるわけにはいかなかった。

そこで九郎左衛門は、学問で身を立てることを決意し江戸に出て林家に入門する。入塾三年で軍学を講義できるようになり、「横田の軍学はうまいものだ」、と目にとまるほどの上達ぶりであった。だが、今秋卒業という七月に傷寒がもとで二七歳の若さで他界のやむなきに至る。横田家の将来を双肩に担っていただけに、英の祖父機応や亀代の落胆は想像して余りあるものがあった。

何事も静かなることをもって良しとする徳川にあって、新儀を企てることは難しかった。なぜならば、各藩をできるだけ貧困化させるところにパックス・トクガワーナの狙いがあったとすれば、九郎左衛門の新企画が成功すれば、いずれ徳川に弓を引くであろうと見るのが支配者の通念である。それゆえ、幕末に成功した富国策は秘かに進める場合が多かった。その典型が密貿易であろう。九郎左衛門はまさに堂々と手続きを踏んで富国策を採った。その政策は真の富の生産である。この時期、富とは金や銀であるとする重商主義が一般的であったが、富国を庶民が年々消費する生活物資の増産に求めたことは卓見であった。

では、九郎左衛門の革新的な富国策を当時の人達はどう見ていたであろうか。英の語るところによればこうである。「世間の人々からは、この悲惨極まる横田一族を気の毒だと申した人もありますが、多くは『山をするからだ』と申されましたとのことであります。叔父の死去は寿命でありましょうが、皆決してそのようには思いませぬ。幕府の非道がなかりせば出府は致さぬ、宅に居ればこのようにならぬ、成功を見ながら差止めにならねば『山師』だと言われぬと、一家悉く徳川の非道を恨んで居りました」[19]（引用は以下同じ）。

パックス・トクガワーナにあって九郎左衛門の富国策は、「山師」にしか見られない。革新的な事業をすることは一種の賭けであるから、現代社会では投資になるが徳川にあっては「山師」になってしまう。富国策と学問で身を立てる、九郎左衛門は開拓者精神、イノベーターとして時代をリードしようとした。この気風は英にそのままあてはまる。九郎左衛門の一件が、横田家のその後の生き方を大きく左右していると見て差し支えあるまい。英は素直にこう述べている。「かかる中にも国益を計るは叔父の無念をはらすためのように一家残らず思って居りますところから、父も先代の志を受けて、さてこそ人様もお出しになりませぬ所へ私を遣わすと申しましたのであります。祖父も半丁ほど先の手習場へさえお転婆になると申して許しませんにも拘らず、国のためと申すところから喜び勇んで私を遣わしますことを許しましたのであります。……一身を捧げてこの大任を果さねばならぬ」。

富岡行きは実はこうした横田家の悲劇があったことを忘れてはならない。「喜び勇んで」と書いてはいるが、その実、横田家の再興、「御先祖様に申し訳がない」は、九郎左衛門の大滝一条が絡んでいたことを見逃してはなるまい。九郎左衛門の富国強兵論はそのまま英に伝わっていると考えてよい。富岡製糸場行きは横田家にとって単なる偶然ではなかった。松代藩での富国策を近代日本の出発にあたって、兄九郎左衛門が果たせなかった夢を、女子の身でありながら実践できる、少なくとも英は秘かにそう思って富岡入りしたに違いない。でなければ、あれほど真剣に糸を取りはしなかったであろう。

このへんのところを英は素直に述べている。「また六工社へ参りましては、父が先立ってお奨め申しましたこの製糸場が不成功に終りますれば、世間の人に忘れられて居りますところの大滝一条もまた人々の口の端にかかり、人様の思召しも自分の年をも打忘れ、大里様初め元方御一同や仲間の人々の前も恐れず自分の考え通り申すのであります」。

『富岡日記』、『富岡後記』の強気な発言が九郎左衛門の一件からきていることは明白である。英に限らず横田家の子供が九郎左衛門や亀代の意志を受けて大成を見ている。「富国強兵と横田家の悲惨」の終わりの部分で、「その勇気の原因は皆叔父が地下に眠り兼ねて居りますところの『富国強兵』が元で、この私にまでこの勇気を与えたのであります」、と述べていることによって明らかなように、富岡製糸場における英はこの「富国強兵」についてよく本質を見抜いていた。明治新政府が「富国強兵」の道を歩み出すことになるが、和田英はそれよりも早く現実に経験していたわけである。富岡製糸場での糸による富国強兵はその実験であったし、また、六工社での体験もそれ以外ではありえない。そういう意味で、これほど個人的な体験と国家的政策が一致した例も珍しかろう。『富岡日記』、『富岡後記』における英の真に迫るやりとりは、松代藩、横田家、母亀代、叔父九郎左衛門などによって形成されたエートスからくるものであろう。

こう考えると、和田英を日本資本主義の勃興期に製糸業と関わった一女性という見方だけでとらえることは、ある意味皮相的な見方の謗《そしり》を免れない。さらに、近代日本の富国強兵政策に関わった一女性という見方も、同じように考え直さなければなるまい。ややもすると和田英に対する評価は、製糸業の草創期に糸取りに関係し、そのときの描写を行った生き証人として貴重であると考えられがちであるが、もっと内面を掘り下げてみると、富国強兵の真の姿を浮かび上がらせるような内容を持っている。少なくとも、近代日本の富国強兵策があって英があったのではない。富国強兵が主で英が従という受け取り方にも問題がある。英についての研究も、そのへんのところを解明することが肝要と思えてならない。

四　和田英と現代

A・スミスを例にあげるまでもなく、「富国」策は市民が年々消費する消費財を低廉かつ豊富に供給することである。富とは読んで字のごとく、物資が豊富に存在することを意味する。九郎左衛門が採った政策は、まさにこうした線に沿ったものである。松代藩を豊かにすることは藩民の生活を豊かにすることであり、そのために港を設けようとしたのである。よく幕末の富国策は、藩財政を豊かにすることをもって真の富国策であるかのごとく考えるむきもあるが、これは真の富ではないし真の富国策でもない。

九郎左衛門の意志を継いで富岡入りした英は、横田家の再興さらに自分も富国を担っているのだ、という自負の下に参加したに違いない。少なくとも、明治新政府が目を世界に開き、西洋諸国のように強力な国家になるためにはまず経済的自立を図る必要があるとし、その方法を彼等と同じ糸から出発し、できるだけ早く西洋に追いつき追い越すことを狙ったのは、幕末に結んだ不平等条約があったことはもちろんであるが、当初はけっして強兵は目的ではなかった。九郎左衛門から英に受け継がれている富国強兵論は、『論語』や『大学』に強調されている「仁政」の延長線上での富国論であったと見なしていいだろう。横井小楠が強調するように、英が考えていた富国策への参加はけっして貨殖の政ではない。小楠とある線まで同じ視野に立つ象山の「西洋芸術」は、九郎左衛門、英に共通している。象山の場合「東洋道徳」ももちろん大事にされているが、どちらか言えば「西洋芸術」に力点がおかれている。英も亀代を通して「東洋道徳」の上に立って富国策に参加している。

「西洋芸術」は換言すれば、西洋経済であり近代合理主義、経済合理主義と考えていい。だが、英が考えていた西洋経済、経済合理主義はあくまでも「東洋道徳」で支えられていることを知る。六工社で「富岡風」を通し、練糸ではなく本物の生糸にあくまでもこだわったのは、「東洋道徳」があったからに他ならない。富国策が結果において強兵論になるのであって、初めから強兵論を目指したわけではない。だが、ややもすると富国論が強兵論の手段になりかねない場合がある。英が参加した富岡製糸場、六工社での糸取りは、富国論の段階であって、後に「東洋道徳」から解放された強兵論ではない。そういう意味で、英が崇高な信念をもって参加した糸取りの時期は、後の日本の行動を考えるとき、たいへん幸を得たものと言ってよかろう。

さらに、英が参加した富国策は「実に女工問題こそ社会、労働、人道上あらゆる解放問題の最も先頭に、中心に置いて考へられねばならぬ凡ての条件を具備している。数に於て、不利なる労働条件に於て、性質に於て――。実に女工問題は重大なる人道問題たることを失わないのである」[20]と細井和喜蔵が強調しているものとは異なる。工女（紅女）ではなく女工と言っているところに、富岡製糸場や六工社とは意識が異なる。英ら工女が国家の将来を背負いながら糸を取ったのに対して、細井の言う女工は国家の将来を背負わされた存在となる。「工場は地獄よ　主任が鬼で　廻る運転火の車……」、「篭の鳥より　監獄よりも　寄宿ずまいは　なお辛い……」という悲愴な意識は、英らの時代にはなかった。むしろ、六工社における「富岡風」の実践は、この種の歌と反対に、工場側に本物の生糸をとるように説得さえしている。そういう意味で、英の時代は『女工哀史』から比べ、天、地の差があった。英は古き良き時代を糸取りとして過ごしたと言ってよかろう。

五　和田英と日本の悲劇

かつてカール・レーヴィットは、「日本の悲劇は西洋が近代という時代に疑いを持ち始めた頃、その模倣をしなければならなかったことである」、と述べたことがあるが、言い得て妙である。レーヴィットの言葉をそのまま是認できないにしても、近代日本の歴史は悲劇の連続であったと言ってよかろう。

レーヴィットの言葉を待つまでもなく、たとえば横井小楠のごときいち早く日本の悲劇を見抜いていた人もいる。幕末の外交方針を述べたものに、『夷虜応接大意』（嘉永六年）なる建白書があるが、そのなかで近代日本の行く末を見事に見抜いていた。当時開鎖の論紛々としてやまないなか、小楠の外国に対する応接方法は見事である。彼によれば、外交の基本方針は「有道の国は許し」、「無道の国は拒絶すべし」との論に立っている。「有道の国」とは文字どおり道のある国、換言すれば、道徳を重んじる国である。『中庸』にあるように、広くは「性、道、教」（天の命ずる、之を性と謂い、性に率う、之を道を謂い、道を修むる、之を教と謂う）の道を守る国と考えてよい。小さくは人の守るべき道である。「無道の国」が逆に道を守らない国であることは論をまたない。だが、小楠はたんなる「有道」「無道」論を展開せずに、ある規準を設けている。その規準とは第三者の是認論である。A・スミスが『道徳感情論』で展開しているように、ある人の行為が正当であるか否か是認されるためには、第三者の承認が必要である旨を述べているが、小楠の規準も第三者の判断をあおいでいる。A・スミスとまったく同じというわけではないが、小楠の場合、ある国が日本に対して「無道」な振る舞いを行わないが第三国に対して「無道」であるならば、その国は真に「有道」の国とは言えないとしている。おそらく、日本に対して「有道」であるかのごとき振る舞う第三国に対して「無道」であるというのは、真の「有道」国ではない。そういう見せかけの国は、いったん「有道」の振る舞いで開国を迫り、その後「無道」な振る舞いに出るのは必常であるから、信用するに足らないというのが小楠の真意であった。だから、自国ばかりか他国に対しても同じ「有道」の振る舞いをする国でなければ開国、通商はできないというのである。そのとおりであろう。

開国通商、外交の基本方針は、「有道」が前提である。この上に立って、小楠は王道外交を展開してみせる。㈠理由を問わず開国、通商にはしるものを最下等とする。㈡日本刀的攘夷論であり、外国と聞いただけで打ち払うべしというたぐいの外交論で、根底に夷《えびす》的発想を持つものである。日本は神国であり、外国に頼らなければならないものは何一つない。だから、外国と交わる必要はないというのである。徳川の鎖国政策の基本は、パックス・トクガワーナにあったわけであるが、この発想はそれ以前のものと考えてよかろう。「理非分かたず」打ち払うべし、これは悪いほうから二番目の外交であると小楠はいう。㈢西洋列強にはとてもかなわないから、ひとまず門戸を開き相手を信用させ、そうするうちに武力を備えてしかる後に倒す。小楠はこの方針にも反対している。そこで、㈣王道外交論を展開するわけであるが、それは必戦の計を決し相手と対等の立場で交渉に臨む必要があると説く。つまり、「有道の国」同士で同じテーブルにつけというのである。

以上、小楠は四通りの外交政策を示すが、四番目をもって最適としている。さて、ここで問題なのは近代日本の歩んできた道が、小楠がいう第三番目の道であって、けっして王道外交ではなかったという点であろう。三番目は、富国の方針を示し強兵をもって外国を倒すという方針であるから、こうなると日本の近代過程は「有道の国」でなくなってしまう。小楠がしばしば口にした「尭舜孔子の道・西洋器機の術」とは、あくまでも「尭舜孔子の道」を達成するために「西洋器機之術」を手段として考えたにすぎない。佐久間象山流に言えば、「東洋道徳」が目的であって「西洋芸（技）術」は手段ということになる。この考えを近代日本にあてはめればどうなるであろうか。富国が目的であってけっして強兵が先走るようなことはない。だが、近代日本の歩みは富国強兵が対で考えられているように、ひとまず武備を整えしかる後に倒すとする小楠の予想した道を歩んでしまったように思えてならない。

このことは和田英についてもあてはまろう。英が富国の基、生糸生産に励んだのは、強兵のためではなかったはずである。彼女が一心に糸を取ったのは国を富ませ、近代国家にふさわしい経済力を身につけることに置かれていたに違いない。経済力をつけることが国家的独立の第一歩、従属国家ではなく独立国家の大前提であるとすれば、生糸生産によって経済力をつけることはけっして悪いことではない。A・スミスが主張するように、市民生活が安定するよう導くために生産力、国富を大いに上げなければならないのは当然である。かりに生糸を輸出のためとみても、輸出することによって外貨を獲得し、その外貨によって外国の物資を購入し市民生活を富ますようにする、というのが真の国富であるはずである。ところが、近代日本の悲劇は、生産を強兵の基と考えたことに始まると考えていいであろう。

これに対しては強い反論があるかも知れない。「そんなことを言っても、西洋列強がアジアに対してやってきたことは、あれが無道でなくてなんであろう。あの時期有道な国とは理想論もはなはだしい」と。一面そのとおりであるかも知れないが、横井小楠と共にこの種の反論に対して「まったく異論はない」と承認はできまい。もし、そうだとすれば、富岡製糸場で青春時代を富国の基として教え込まれ夢中になって糸取りに精を出した和田英らの存在は、強兵のための手段になってしまうからである。英らにとってこれほど悲劇なことはあるまい。強兵の手段として位置づけるならば、女工ではなく工女としての自負心が許されないであろうし、横井小楠と共にそうした立場は承認できない。

とはいえ、日本も半植民地化の危機にさらされていたのが実情ではないか、との反論にどう答えたらいいのか。たしかに、西洋列強の無道ぶりは目に余るものがあった。小楠に言わせれば、まさに「西洋器械の術」のみが先行し「心法」がないということになる。そんな時、無道をそのまま承認できるのかということになろうが、そのときは必戦の計を決して事に当たれというのが小楠の主張である。そんな理想論は採れないから、富国（生糸）によって、「無道の国」をたたこうとしたのが近代日本の歩みであった。それはけっして間違った道ではなく「有道の国」のぎりぎりの行動であった、と反論されそうであるが、これとても承認することはできない。

もしこのような方法を承認してしまうと、歯止めがきかなくなるからである。となると、近代日本の富国強兵の強兵を承認しなくてはならず、小楠がそうした道は採るべきでないとし、あくまでも王道外交を展開したのとははなはだしく矛盾してしまうからである。と同時に、日本の「無道」ぶりを世界に押しつけてしまうことになりかねない。どう考えても、植民地化の危機、西洋列強の「無道」ぶりを譲って承認しえたとしても、日本の近代の歩みを「よし」と認めるわけにはいかないであろう。

そういう意味で英が、最後の「日本の悲劇」を見ることなく他界したことは、幸運であったかも知れない。日清、日露の戦争も承認する気になれないが、第二次世界大戦によって「日本の悲劇」が終了することになるが、ここまでくるといくら西洋列強が「無道」であったとの前提の下でも、近代日本の歩みを「無道」に対する「正義」として位置づけるわけにはいくまい。と同時に英は、

「私達はそんなつもりで糸を取った覚えはないですよ」と反論するに決まっている。一歩譲って、かりに富国強兵のための殖産興業の一翼を担ったとしても、強兵を行使するための富国強兵ではなく、富国かつ強兵であれば、西洋の無道を未然に防ぐことができるという意味で考えているにすぎない、と。おそらく英らの考えはぎりぎりに譲ったとしてもこのあたりが限界であろう。

富国策が周囲の脅威になるようでは、なんのための豊かさか分からない。世界のGNP大国にのし上がったわが国は、今日はたして真の国富はなんであるかを真剣に考えているであろうか。『ジャパン・アズ・ナンバーワン』を『ジャパン・イズ・ナンバーワン』と錯覚してはいないだろうか。さらに、英らの熱心な富国策を「日本の悲劇」として踏みにじってしまったように、いま富国がそうした方向に向かってはいないだろうか、経済大国ニッポンのなかで考えておく必要があるのではなかろうか。ややもすると経済大国なるがゆえ不遜に陥りやすい。元来、「有道の国」として振る舞わなければならないのに、知らずしらず「無道の国」を歩み始めてはいないか。近代日本の富国強兵政策は、一世紀余り経ってそのことを強く訴えているように思えてならない。

和田英はおそらく、「私達の富国策が基でそんな悲劇が起こったんですか。心外です。私達はそんなことを考えて糸を取ったのではないでよ。もう二度とそんな悲劇は繰り返してくださるな。もしそうなったらご先祖様に何と申し開きしたらいいんですか」、と畳を叩いて強く迫ってくるに違いなかろう。英らの意志が無駄にならないためにも、二度と「日本の悲劇」は繰り返してはなるまい。

六　和田英の評価

筆者は冒頭和田英に対する評価を一種の企業家精神の持主、J・I・シュンペーターの言葉をかりればイノベーター（開拓者）と考えてよい、と述べた。おそらく、イノベーターと規定するにはかなりの抵抗があろう。「何も開拓していないではないか」、それどころか、英は現実に何も新機軸（イノベイション）らしきものはやっていないではないか、と。ただ糸取りを習って、それを実行しただけにすぎない、と反論するであろう。たしかに英の仕事は、厳密なる意味でシュンペーターの開拓者とは言えないかも知れない。だが、富岡製糸場、六工社での糸取りに取り組む姿勢は、立派に開拓者として位置づけていいのではなかろうか。シュンペーターが言う企業家は新しい商品や生産方法、販路の開拓、新しい組織など開拓する人のことであると強調しているが、そのままあてはまらなくても、その前向きの姿勢は一種の企業家精神の持主と考えていいだろう。富岡製糸場における糸取り競争、六工社における練糸に強く反対しあくまでも蒸気を通した生糸を取るように主張し、一歩も下がらなかった信念は、もうここまで登りつめれば一種の開拓者、新機軸に近い行動と考えていいだろう。

英ら工女としての労働は、けっして一時期流行したウーマンリブのようなものではあるまい。というのは、英の精神構造は今まで封建道徳の代表として考えられてきた儒教倫理に基礎を置いてい

晩年の英（『松代／歴史と文化』より）

るが、そのエートスは男尊女卑と言われるような女性にとって暗いイメージはない。それどころか、家庭教育として、例えば松代藩の『論語』あるいは『大学』に代表されるような朱子学（儒教）に基礎を置いたもので、われわれはそれらを封建道徳として一掃する訳にはゆかない。それどころかむしろ今日では、徳川の封建イデオロギーに利用されていたことを思えば、朱子学（儒教）は人間の生き方の本質をついている部分は多くあり、学ばねばならない点であることを認めねばなるまい。だからこそ英らの労働は今日女性労働として、現代社会に一つの指針を与えているように思えてならない。現代社会にあって経済合理主義の支配するところ、これまで女性の社会参加の仕方は男、女という動物的なセックス論で考えられ位置づけられてきたように思う。ところが、英が参加したのは少なくともそうでなく、男性、女性という機能分担としての社会参加ではなかったのか。つまり、こちらのほうは、動物的ではなく人間的なつながりで分担していたと見なしてよかろう。つまり、イリイチの言うジェンダー論である。富岡製糸場や六工社での英の社会参加はセックス論ではなく、ジェンダー論であったと考えていいのではなかろうか。英の社会参加はそのことを強く教えているように思えてならない。

今日、英がこの世にあるならば繊維産業の衰退に対してどのような答えを出すか、たいへん興味あるところである。英のことであるから、おそらく企業家精神を発揮していろいろなアイディアを持ち出すに相違ない。さらに、練糸に対して生糸を強力に主張したように、本物志向へもっていくのではなかろうか。よい生糸さえつくっていれば必ず認めてもらえる、とかなり強い抵抗を示すに違いなかろう。

だが、残念なことに日本の生糸産業はもうすでに風前の灯に近い。近代日本を支えてきた王者の風格はない。だが、日本の近代化、群馬の近代化にあって富岡製糸場の果たした役割はどれほど大きかったか。製糸業は先に出発した産業だけに、後に起こった産業に追い越されるのはある意味では当然の成り行きである。だが、だからといって全てが駄目になっているかというとけっしてそうではあるまい。生糸が日本の近代化に果たした役割は計り知れぬほど大きいし、英らの果たした役割もこれまた同様である。生糸がなかったならば、日本の近代化はもっと遅れたかも知れないし、英らの活躍がなかったならば、西洋に追いつき追い越すなどということは夢となっていたかも知れない。繊維産業が先鞭をつけなければ、つぎの重工業の準備ができないことを考えれば、生糸産業における、和田英らの存在はすこぶる大であった、と言わねばならない。

だが、なんと言っても和田英に対する評価は、こうした個別的視野にあるのではなく、常に世界的視野に立って物事を考えていたということではなかろうか。幕末から維新にかけて、近代日本がどうなるか英は、製糸という窓から常に世界のことを考えていたということである。そうした件は『富岡日記』に散見されるところである。生糸が近代日本の礎になることは承認しえたとしても、そのことが今日のいわゆる経済大国的な発想で考えられていない、ということを認識しておく必要があろう。

富岡を去って松代に帰った後も、英は、常に目を世界に向けていることはさすがという他はなかろう。すでに述べたが、六工社での大里忠一郎との対立はまさに英が広い視野で物事を考えていたことを物語っている。「練糸」を主張する会社側、蒸気糸を強調する英とでは雲泥の差があるが、この際会社側は目先のことだけしか頭にない。「練糸」論では新政府の域まで達していない。なぜならば、新政府の態度は「練糸」の論を超えて、『論告書』で強調しているように、世界に通用する生糸を生産せよと言っているのであるから、六工社は新政府、英らの立場からはるかに低い次元で考えていたにすぎない。こうした次元では、世界から見放されてしまうのがおちである。ところが、英は断固として六工社の立場を否定し、あくまでも「富岡風」を通した。これだけ自信をもって言えるのは、英が世界の実情に精通していたからに他ならない。そのことは、その直後に証明されることになるが、いかに世界的視野に立って考えることが重要であるかを端的に物語るものである。

今日、経済大国によって国際化時代が一種の流行語になっているが、ややもすると経済面での国際化になりかねない。経済大国ニッポンを承認したとしても、はたして今日わが国がどれほどその重要さを認識しているかまことにおぼつかない。なぜならば、真の経済大国に立てないからである。すでに世界の一割国家になっているにもかかわらず、経済を超えて例えば文化国家としての役割がたいへん希薄である。今日、わが国が世界的視野に立つということはこれ以上物の生産に目を向けるのではなく、いかに世界の文化に貢献できるかという道を探ること以外ではありえない。それを依然として物の生産に力を注いで、世界の秩序を脅すようでは経済大国ではあっても文化大国とは言えないであろう。今日、世界的視点に立つということは、文化大国への道を模索することである。はたして、いまの日本にこの点がどれほど認識されているか。世界的視野に立つとは、こうした視点で日本の立場を考えることではなかろうか。

【注】

(1) 和田英『富岡日記』中公文庫。
(2) 『蚕種説』『明治文化全集』第一二巻、経済篇　日本評論新社、七八頁。
(3) 同右、『墺国博覧会筆記並見聞録』一七五頁。
(4) 同右、一八一頁。
(5) 和田英『富岡後記』中公文庫。
(6) 同右。
(7) 徳富蘇峰『吉田松陰』参照。
(8) 『佐久間象山・横井小楠』中央公論社、九五頁。
(9) 和田英『富岡日記』中公文庫。
(10) 和田英『我母之躾』信濃教育会。
(11) 同右。
(12) 宇野精一『小学』明治書院、三二一頁。

(13) 島田虔次『大学・中庸』朝日新聞社、九六頁。
(14) 同右、九七頁。
(15) 横井正俊「和田の伯母さんの思い出」『富岡日記』所収。
(16) 同右。
(17) 和田英『我母之躾』信濃教育会。
(18) 同右。
(19) 和田英『富岡後記』中公文庫。
(20) 細井和喜蔵『女工哀史』岩波文庫。

第五章　工女の遺産

一　工女の現代的意義

第三章および第四章で、和田英と『富岡日記』『富岡後記』との関係を追究した。そこで示した筆者の結論は英のチャレンジ精神であった。当時工女とよばれた人たちは皆そうした意識を持ち合わせていたように思う。たしかに、和田英は『富岡日記』を残すことによって、近代製糸業史に列することになったが、英以外の工女が彼女のように振る舞わなかったか、というとけっしてそのようなことはなかった。むしろ英より厳しく現実に立ち向かっていったといえるかも知れない。英が偉かったのは、その過程を記録として残したという点にあろう。もしかりに、英以外の工女が記録を残していたならば、あるいは違ったものをとどめたかも知れない。

だが、当時同じ工女として働き、英と他の工女とどれだけの差があろうか。英を取り上げて他の工女をそのままにしておいていいのかという筆者の疑問をぬぐい去ることはできなかった。英と同じように働き、いやそれ以上に働いていた工女の姿を追究することが必要であることを『近代群馬の思想群像』で英を書き終えた直後から、何らかのかたちで著しておく必要があるだろうとそう思っていた。第三章、第四章で工女に視点を当てたのは、以上のような理由があったからである。

この関係を誤解がないように別の側面から論じておこう。江戸時代農民は相当厳しい労働を強いられた。農本思想家として傑出した二宮尊徳も農民であった。同じ農民でありながら彼が偉かったのは、『三才報徳金毛録』をはじめ、考え、行動、実践などを記録に残したからである。金次郎少年が苦情苦渋をなめ酒匂川の土手に松を植えたり、酒匂川の氾濫によって土砂の下に埋まった土地を元に戻そうと努力したことなど、金次郎でなくとも当時の農民は、そうした行動が一般的であった。慶安のお触書きに示されているような労働観が、農民を支配していたと考えてよい。だが、二宮尊徳は農を通して得た実践を記録し、自己の思想を残した。では、他の農民が二宮尊徳とどう違うかというと、労働において大差はない。他の農民を抜きにして当時の農業が語れないように、英と工女との関係も尊徳と農民との関係によく似ている。

筆者が英ばかりでなく近代製糸業に深く関わった工女たちを取り上げようと思い立ったのは、実は英と工女たちと実質的にそう差があるわけでない、と考えたからに他ならない。英ばかりではなく、工女の遺産が現に生き続けているとすれば、女性の時代といわれている今日、近代日本の製糸業を支えた工女の思想・行動こそ高く評価しなければならないし、工女として日本の近代化に深く関わった事実を大事にしなければならないように思う。

当時、富岡へは全国から工女が赴いた。工女のエートスは江戸時代に見られるような男尊女卑的なものではなかったし、さりとて日本の近代化の過程でつい最近まで存在した、家に縛りつけられた女性のそれでもない。一般に幕末から明治にかけて、国家的独立を背負わされた日本が、国富に走らなければならなかったかはよく理解できる。だからといって工女たちが、「日本の悲劇」の一翼を担う存在であったなどとはいえまい。この点はまた後に述べることにして、今、富岡製糸場は糸を取るという点においてはまったく閉鎖の状態にある。かつて近代日本の国家を一身に担った面影は、富岡製糸場にはない。

だが、これで富岡製糸場は永遠にその姿を消してしまうのであろうか。百十二年の伝統を取り壊してしまうのであろうか。現在片倉製糸が管理しているが、富岡製糸場跡は富岡市の遺産というよりは、日本のいや世界の遺産になりつつあるといってもいいのではなかろうか。赤煉瓦造りの建物は未だに当時の様子を伝えている。だが、赤煉瓦の建物をそのまま眺めているだけでは、富岡製糸場の遺産を生かしているとはいえない。

今日富岡製糸場の遺産を生かそうとする運動が、富岡市をはじめいろいろな方面で展開されつつある。二、三紹介しておこう。工女の精神を生かしつつ、今日まちづくりを進めているグループがある。富岡横町商店街のメルシー婦人部もその一つである。彼女らがどれほど工女の精神を理解し、その精神を受け継ごうとしているか分からないが、少なくとも商店街の活性化を図ろうと燃えている姿は、国家的独立という大きな視点ではなくとも、一般の商店の婦人がまちづくりに立ち上がっている点は、工女の姿を想い起こさずにはおれない。横町メルシー婦人部の人たちの意気込みは、第二の工女を連想させる。。横町メルシー婦人部の狙いは、工女の精神はもとより、建物や外観をもまちづくりに生かしていかなければならない、というところにある。

富岡製糸場の外観を生かしたまちづくりとしては、「赤煉瓦物語」をオペラで上演しようと意気ごむ集団もある。これは富岡市も力を入れ、赤煉瓦を家並に生かそうというのが狙いである。たんなる懐古趣味ではない。富岡製糸場の遺産を生かそうというのである。景観も一つの文化であるという評価を得ている今日、赤煉瓦を基調としたまちづくりは、無秩序に発展してきた家並に一つの警鐘を鳴らしていると考えてよいであろう。風景や景観がまちづくりの大きな課題となっている現在、赤煉瓦による家並の整備は今後取り組んでいかなければならない大きな課題と考えていい。ここにも富岡製糸場の遺産は生かされている。

さらに、赤煉瓦を中身の問題として生かしている集団もある。かつて筆者は、西毛文化都市構想を提唱したことがある。群馬の実情はよく東高西低であるといわれているが、東高西低といわれるようになったのは、戦後も高度成長期以降で、東高西低とは工業的に見ての判断である。たしかに、太田、大泉をはじめ東毛は工業出荷額が高く、西毛ははるかに及ばない。だが、文化や歴史的遺産などを視点に捉えれば、逆に西高東低になるのではなかろうかという考えの下に提唱したのが、西毛文化都市構想である。富岡を中心とする西毛の地域は文化が豊かでしかも古いものが多い。歴史的に見て富岡製糸場のような遺産もたくさんある。これらを生かしたまちづくりが必要である、というのが筆者の狙いであった。この西毛文化都市構想がきっかけとなって、赤煉瓦物語をオペラで上演してはどうかというグループも誕生したし、さらに富岡製糸場ができる過程を演劇で見せてくれたグループもある。現在の赤煉瓦の建物がハードであるならば、オペラや演劇はソフトということになろう。

二　共通財産・富岡製糸場

富岡製糸場跡を別の角度から位置づけておこう。先に私は富岡製糸場を世界の共通財産として位置づけた。近代日本の出発にあたって、まだ資本主義体制が確立していない、山のものとなるか海のものとなるか分からない日本資本主義は、列強のなかに完全に巻き込まれざるをえなかった。世界資本主義の大流に従って、日本では至上命令として船出しなければならなかったところに、厳しさがあった。その厳しさをしかと受け止め大海に乗り出していったのが富岡製糸場であった。そういう意味で、富岡製糸場は世界の共通財産として位置づけたい。共通財産として位置づけることがまず先決であって、そのつぎに遺産を受け継ぐことが重要になってくる。遺産は形と中身に分かれる。形としては繰り返しの強調になるが、赤煉瓦を基調とした建物をまちづくりのレベルで捉え、景観、風景を文化のレベルまで引き上げること。他は中身の問題であり、工女の精神を受け継ぐことが重要になってくる。そして今日、富岡市では共通の財産とするよう市はじめ民間レベルでも、形、中身の両遺産を受け継ごうとして努力している。願わくば工女の精神を受け継いで、魅力ある富岡まちづくりを行ってもらいたい、と願わずにはいられない。

富岡製糸場を共通財産として位置づけることには、かなり抵抗があるかも知れない。現代社会にあって、共通財産とはあくまでも、公のものでなければならず、一企業の足跡を共通財産とすることはおかしいという意見もあろう。しかし、そうではない。富岡製糸場は払い下げによって民間所有となったが、払い下げられる前は官営として操業していた。仮に官営でなくとも、今となっては単に一企業であるとして民間に完全にゆだねてしまってよいのであろうか。現在富岡市では県や国と図って、なんとか共通財産として残す道はないものかと模索しているが、是非共通財産（common wealth）として活用を考えて欲しいものである。

共通財産として残すことはつぎの二点において重要であるように思われる。第一は、近代日本が生みの苦しみのなかで富岡製糸場を建設した意気込みを、現代社会のなかで再確認することの重要さである。国づくりの基礎として富岡製糸場を建設したことの現代的意義を再確認するという点で、富岡製糸場は共通財産として最適の対象だろう。つまり、富岡製糸場のもつ歴史的意義である。私は古い物はなにがなんでも残せばいいなどと主張しているつもりは毛頭ない。残すだけの価値がある建物であるから共通財産にすべきであるといっているのである。では、富岡製糸場はなぜ単に古いだけではないのか。富岡に限らず古い物は枚挙に遑《いとま》がない。それらをすべて残せといったらたいへんであろう。ここで強調している古さとは、西洋流に言えば古代ローマにあって古いものには優れたものが多かったということで、classic が first class（第一級）という意味で使っていることに留意されたい。このことは古いという文字を考えてみればよく分かる。古いは文字どおり十と口から成り立っており、十代も次から次へと語り継がれるほど中身が濃いということである。富岡製糸場は古典と考えていいのではなかろうか。古典としての共通財産であるという点を忘れてはならない。

第二の点は富岡市でのまちづくりの視点から重要である。なぜか。現代社会はいまふるさとブームである。ふるさととはなにか。ふるさとを語るとき、ただ古い里であるという点だけでは問題にはならない。古い里がなぜいま問われているのかが問われなければならないからである。ふるさとを考えるとき、近代日本のなかできちんとおさえておかなければならないように思われる。近代社会が目指した方向は封建的な郷土や、共同社会からの解放であった。その郷土社会から追われるが如く都市へ流れ込んでいった人たちがどういうかたちで解放されたかは、洋の東西を通じてそう大差あるものではない。近代社会の歩みのなかで郷土から離れてバベルの塔の下にやってきたが、何か満たされないものを感じたのは、郷土、ふるさとを離れて初めてそのありがたさが分かってきたからにほかならない。富岡のまちづくりが重要なのはこの点である。富岡製糸場のあるふるさとが文字どおりノスタルジア（郷愁）として本物の相を表わすのではなかろうか。そういう意味で、富岡製糸場ぬきの富岡市はありえないし、もし富岡製糸場跡が消えるようなことがあれば、富岡の顔がなくなってしまうし、富岡ばかりでなく近代日本の支柱であった富岡製糸場を歴史的遺産として残しておかなければならない意義は実はここにあるといわなければなるまい。

三　ウォルスの富岡観

明治七（一八七四）年、トーマス・ウォルスは『信州《ママ》富岡旅記』で、富岡とその周辺をいきいきと描写している。当時富岡はどのような状況であったか。ウォルスはまず、「余ハ中仙道ヲ通リシニ、其近傍ノ殷富ナル属目スヘキ所ニシテ、繁昌ナル市村、屡々道側ニ在リ、旅人モ多ク通行シ、或ハ商売品ヲ荷載シタル人ヲモ見ルハ、其土産ノ多キ証ナラント」(1)（以下引用は同じ）と述べ、この地が旅人も多く、商売品荷載している人の多きを見て、物品が豊かであることを見ぬいている。

では、富岡はどのような品物を産するのか。彼は続けて、「富岡辺ノ重ナル土産ハ、生糸、煙草、麻、及ヒ茶ナリ、東京ニ近接シテハ、米、綿及ヒ麦ナリ」と、まず生糸をあげた。明治七年といえば、富岡製糸場が操業を開始して一年以上たっている。ウォルスが生糸を第一にあげた理由はよく分かる。その他、煙草、麻、茶、米、綿、麦などをあげているが、筆者は子供の頃実際に収穫にたずさわった経験がある。実際筆者の家も農家であったので、桑園と隣接して煙草、麻、茶などを子供なりに収穫したことを昨日のようによく覚えている。

現在でも、茶などは伝統を受け継ぎ、隠れた名産として愛用されている。ウォルスの見た富岡及びその周辺の実情は、実はこうした状況であった。だが、何といっても、官営富岡製糸場を中心とした生糸の生産に名産を見たのは、言うまでもない。この点、彼は「気候地味ハ妙ニ耕作ニ適当シ、同一ノ地質ニテ、斯ク高貴ナル物産ノ数、種類ヲ生スル処ハ、各州中甚タ稀レナルヘシ」と、富岡を中心としたこの地が農業にとって適地であることを承認し、全国でも稀な地域であると観察している。

だが、ウォルスの目は意外に厳しい。この地が農業生産に適し豊かであるが、実はそれを生かしきっていないというのである。「此景況ヲ以テハ、何人モ富貴開花ノ地ニ進ミ、最功ナル耕作ヲ得ント望ムニ、其土地ニ於テハ然ルヲ得ス、其人民ハ、新懇正直ニシテ、何ノ国ニテモ、旅人ノ斯ク懇親ヲ得テ、障害ヲ受ケサルコトハ稀ナリ、余ハ其人民ノ行状ヲ愛シタレハ、彼等カ活計上ニ於テ、別ニ良法ヲ得ルハ真ニ喜フ所ナリ、然ルニ余ハ此事ニ於テハ、大ニ失望セリ」。

気候も土壌もそして人民も新懇正直であるにもかかわらず、経済的に恵まれているかというと、そうではないというのである。では、何が欠けているのか。富岡の地が農業に適し、新懇正直であるにもかかわらず、活計を行う上で恵まれていないその理由はどこにあるのであろうか。ウォルスをして活計を通利せしむるに良法がない、と言わしめたのは何であろうか。「彼等ノ住家ハ、殆ント土地ノ規則ノ如ク、不愉快ヲ極メ、建築ニ至テ、実ニ粗慥ナルハ人民ノ貧窮、或ハ愚ナルコトヲ顕ス証ナリ」。住家は不愉快を極め、建築は粗造である。これは人民の貧困を表わし、究極的には人民が愚かであるからに他ならない、という。ヨーロッパやアメリカの石造りの家並みから考えれば、たしかに日本の家屋は貧弱に見えたに違いない。日本建築が多少なりとも近代的装いをもって現われ始めたのは近年のことである。明治七年といえば、江戸から明治になって間もなくである。一般の農民がいかに重税に喘いでいたか、また明治の世になって地租改正が行われるもそれがいかに高率であったか、そのへんのところを彼はどう理解していたであろうか。住家が貧弱で建築物も粗造を極めたのは当時の日本の実情からしてむしろ当然であった。ウォルスにこうした日本の実情を訴えても、近代市民社会にいち早く移行した西欧諸国から見れば、やはり彼の言うとおりであったと考えていいであろう。

市民を取りまく豊かな環境と貧困な生活実体とのギャップは、どこに原因があるのであろうか。「生糸ノ紡キ方サヘモ、実ニ粗慥ナル方法ヲ以テシ、明精ナル品ヲ得ルコトアルハ、却テ驚クニ堪タリ、是レ塵汗混雑ノ中ニテ成セシモノナリ、其産物モ、多クハ市場ニ売捌カントスル品ナルニ、些モ念モ入レス、而シテ損害ヲ避ケシ為メニ、品物ヲ貯フル倉庫ノヨキ者稀ナリ、是等ノ訳ヲ以テ農夫ハ、産物ヲ直売ニセスニハナラス、而シテ土地人民ノ風習トナリシコト明カナリ、是レ相場師ヲ恵ムノ法ニ帰ス」。この後もウォルスの富岡管見は続くが、要は物品の販路に問題があるという。生糸に関しては粗造であるとしているが、富岡製糸場については、つぎのように記している。富岡製糸場の生糸については「我輩ノ評説ニ及ハサル所ナリ」と述べ、富岡周辺の農村地帯とは別の評価を下している。これは別の見方をすれば、当時富岡製糸場がいかに傑出していたかの証拠となるであろう。

「生糸、是ノ高貴ナル物産ニ付テハ、我輩ノ評説ニ及ハサル所ナリ、則チ富岡ニハ政府ニ於テ建築セル広大美麗ナル蒸気ヲ用ユルノ製造場アリテ、是ノ物品ヲ改良スル企望判然タリ製造場ノ順序精密ナルコト、農夫等ノ麁慥ナル製法トハ、区別著ルシ、余富岡ニ於テ聞クニ、是ノ蒸気ヲ用ユル生糸製造場ハ、政府ニ利益無シト、然レトモ熟考スルニ其損失ハ国人ノ製法ヲ練熟スルニ随テ、漸ク逐テ多ク上品ノ生糸ヲ輸出シ、竟ニハ償フニ足ルト知覚セリ」

ウォルスはおそらく西欧の諸制度と比較して、富岡及びその周辺が後れている旨をいろいろな角度から分析し付言しているが、富岡製糸場についてはこれ以上の説明は加えてはいない。だが、彼の目は近代日本がどのように進んでいかなければならないか適切な言葉を使っている。いま、ウォルスの『富岡旅記』のいわんとするところを筆者なりに整理しておこう。

㈠富岡ならびにその周辺は気候、土地などの自然条件は農作業に適し、土地生産場という点ではたいへん恵まれている。それゆえ、農業生産という点ではいろいろな物産を生産し豊かである。

㈡また、この豊かな自然環境のなかで働く農民は勤勉正直である。

㈢それゆえ、この物品を求めに人通りも多い。

㈣だが、人民の住家、建物は貧困を極めている。

㈤この原因がどこにあるかといえば、物品の捌き方に問題があり、農民よりも商人の介在を許し、利を吸い上げられている。

㈥それゆえ、物品が農民に有利に捌けるような諸設備、諸制度を完備してやることが必要である。特に物品の運輸を整備する必要がある。

「運輸ノ方法ヲ改正」することが肝要であるとし、こう主張する。「余カ旅行ノ知見ヲ以テ考フルニ、汽車の鉄路ヲ設クルハ、現今存在スル商業ヲ以テハ、所費過多トナリ而シテ汽車ヲ設ケ利ヲ得ルニ至ルハ恐クハ長久ヲ期スヘシ、尚今日ノ景況ニ随ヒ、格別ノ迅速ハ未タ要セサル所ニシテ、其土地ノ人民ハ適宜ノ運輸ヲナサハ満足セン、然レトモ其土地ハ汽車鉄路ヲ設クルニ適当セリ」、と鉄道の必要性を強調した。東京、高崎間の開通が明治一七年であるので、この段階で高崎線の必要性を強調したことは、すでに新橋、横浜間が開通していたとはいえ、達見であると考えてよいだろう。

「東京ト高崎ノ間ハ、機械ヲ設クルニ難所ナシ、只両三ノ短橋ヲ作テ足ル、利根川ハ旧ニ仍リ小船ヲ通行スベシ、其所用ノ土地モ、今ハ廉価ナラント思ハル、故、汽車鉄路ヲ作ルモ巨額ニ至ラス、余考フルニ今単一ナル鉄路線ヲ作ルコト肝要ナラン」。この際、彼が考えていたのは蒸気機関車ではなかったが、それでも鉄路で結ぶならば、東京高崎間は一日足らずで行くことができるというものであった。されば、「大ニ荷物運輸ノ便宜ヲ得、旅客ヲ増シ、洪益アル商業」が可能となる。

ウォルスの結論は、産物の捌き方が問題であった。そのためには運搬の方法を考える必要があるし、そうすれば大量に安価にして運ぶことができ、農民が利益を受けるというものである。このことは生糸についてもあてはまる、と彼は言う。国内の運輸を外国まで延長すれば、目は当然外国貿易に向かわざるをえない。「土地ノ生糸及ヒ尋常ノ物品、或ハ善価ノモノト雖、人民ノ通商ハ村内ニ止リ、遍ク世人ト貿易スルハ、絶テ無キ者ノ如シ」というのが実情である。外に目を向ける必要がある。外国交易まで延長して考えれば、ここに富岡製糸場が浮かんでくる。彼の結論はまさにこの点にあったと考えていいだろう。

ウォルスは富岡製糸場について多くは語っていない。富岡周辺の実情について注文をつけてくるが、それだけに富岡製糸場との関係が対照的だ。つまり、富岡製糸場の「順序精密」と一般の農家の「麁慥なる製法」がよく対比されているということであろう。富岡製糸場については「広大美麗」、「蒸気ヲ用ユ」とし、一般の製法との対比が数少ない言葉のなかによく表われている。「麁慥なる製法」を改良するために富岡製糸場が建てられた。「上品の生糸を輸出する」ことが国づくりの基礎と考えられた。「政府に利益が無」くともその損失は「国人の製法が練熟」すればいいわけである。彼はこの点もよく見抜いた。

ウォルスの富岡管見、富岡製糸場の件はごく僅かである。だが、それなりに富岡製糸場の巨大な建物、蒸気による製法がきわだっていると考えられる。巨大な近代建築、近代製法がバベルの塔の如く、富岡製糸場の巨大な煙突が富岡という前近代的な建物つまりエデンの園に突き出ている様子が手に取るように分かる。おそらく彼の真意は、富岡製糸場のような近代的な装備をもった農村風景をつくりあげるよう心秘かに『富岡旅行記』を書いたのかも知れない。勤勉にして実直なる富岡の人びとにむしろ近代製法を期待したのであろう。その具体的な展開が運輸方法であった。よい製品を作り広く世界を相手に商売する、これが国富の源となる、ウォルスは少なくともそういう思いをもって、『富岡旅行記』を書いたと考えてもいいのではなかろうか。

四　ウィーン博覧会

明治六年オーストリアの首府ウィーンで万国博覧会が開かれた。各国がそれぞれの物産を持ち寄ってその品質を競うというのである。当時日本から何が出品されたか。もちろん生糸が出品され、富岡シルクが登場する。国の威信をかけての出品である。「博覧会は、各国の人民、其国自然の産物をも、おのか工業にて作り出したる物をも、持ち寄り、おのれか物は、旅人にそのよきを知らせて、後々買ふもの多くなり、其業いよ〳〵繁昌する為にもし、他より出たる物を見て、おのれか重宝となるものあらは、これを買ひ入れ、便利を増し、新発明のものあれは、其発明を見習ひて、おのれあのれ工業の助けとする為にもし、向来世界各国の人民の、開花進むる」(2)（以下引用は同じ）を目的として開かれたもので、第一回ロンドン（一八六二：文久二年）、第二回パリ（一八六三：文久三年）に続いての開催であった。日本は第二回のパリ大会から出品している。

第三回ウィーン大会は明治六年五月一日に始まり、一〇月三一日をもって終了している。では、ウィーン博覧会ではどのような物品が出品されたか。全部で二六の分野に分かれている。今日でこそ博覧会は日常茶飯事の如く開かれているが、いまから百年以上も前に開かれた、まさに国の名誉をかけて行われたイベントの中身はどうであったか。少し長いが二六分野を列記しておこう。富岡シルクが出品されたのは、第五区の織物、組物、衣服の製法の分野であった。

第一区　礦山の業、又は金属を製する術。
第二区　農園の業、林を養ふ術。
第三区　化学にて成る工業類。
第四区　人工のかかりたる食物、飲物。

第五区　織物、組物、衣服の製造。
第六区　毛皮、鞣し革、ゴムの類。
第七区　金銀銅、其外あらゆる金物細工。或ひは玉石細工の諸品。
第八区　木にて作りし種々の要品、轆轤の細工、木象眼。
第九区　石細工の物、陶器の類、硝子細工、鏡の類。
第十区　象牙、亀甲、貝細工、鯨の細工、鞭、杖、傘。
第十一区　紙類、及ひ製本器械。
第十二区　木版、銅版、石版、写真。
第十三区　蒸気の機関、風車、水車、ポンプ、鉄道の器械、馬車の類。
第十四区　算術、天文、窮理、化学、或ひは外科の器械類、諸種の時計、電信機。
第十五区　楽器。
第十六区　陸軍、及ひ軍医の法。
第十七区　海軍、航海、燈明台、ドック、港の図、雛形。
第十八区　家作、地ならし、道普請、或ひは川、溝、堀割の術、橋、桟道の造り方、又は農業自工の為にする建築の雛形等。
第十九区　第二十区、各国の都に住する人民の住居向、及ひ其日用の道具類。
第廿一区　工作場によらず、家の内にて造り出したる工業類。
第廿二区　日用の工業の助となるへき油絵、彫物などの類。

第廿三区　法教にかかる諸具。
第廿四区　古人の書、古人の彫物、陶器の類。
第廿五区　今人の油絵彫物等、妙技と称すへきもの。但し、文久二年（一八六二）英国ロンドン
　博覧会以後のもの。
第廿六区　少年教育の法、大人修学の手段。

以上が、ウィーン博覧会の出品のメニューである。これを見てどう感じるであろうか。一八七三年の出品である故、現代科学技術、高度情報化社会から見るならば、隔世の感はぬぐえない。万博をはじめ博覧会花盛りの今日であるが、商業主義にはしっている博覧会を見る時、ウィーン博覧会はより人間的サイドに近い出品となっているのを感じないわけにはいくまい。博覧会は各国が日常役立つ物を競い合って互いに向上し合うことが目的である。では、この博覧会で日本はどのような目的をもって出品したのであろうか。つぎの五ヶ条が確認されている。

一、御国内、自然の産物と、人工にて成りたるものとを出して、国土のよろしきと、人の工なるをもって、誉れを海外にあらはし度事。
二、各国の出品を見、其製作の手順を聞き、学芸の精しきと、機械の妙とを伝習し、我が国の産物を、行末いよいよ多く、且つよからしむるよう、なし度事。
三、此会により、御国内にも博物館を建て国内の博覧会を催し、人の見聞を広くし、知識を増す

やう、なし度事。

四、物産の製法よろしければ、自然他国にも賞美せられ、遂には其日用に、なくて叶はぬものとなるへし、かくの如くにして、以後輸出の数を増すやう、なし度事。

五、各国必要のものあらましを知り、諸品の元価、売価を探りて、後来、交易の都合ともない度事。

五条どれひとつとってみても海外に出品するについての決意のほどが窺える。第一条は日本の物品を世界に示そうというわけであるから、その意気込みは壮大である。少しも後れをとっていないところがよい。とはいえ、ウィーン博覧会では各国の長所をよく見習う必要があり、いずれその長所を生かした物産を考えていくというのであるから、当然であろう（二条）。三条は国内にも博物館を建て博覧会を催し、知識を広める必要があることを力説。物産の製法がよければ、輸出も可能（四条）となり、各国が何を必要としているかを見極めていけば、交易の場合都合がよろしく（五条）というのであるから、すでに外国交易を念頭においていたことが分かる。

外国貿易を考える時その目玉になるものが生糸であり、富岡シルクがその先鞭をつけたことは周知の事実である。そのためには物産の製法よろしく、各国が何を必要としているかを知る必要がある。ウィーン博覧会は近代日本の出発にあたって、生糸をはじめとする糸による近代化をはかる上で絶好のチャンスであった。どのような物品が出品されたかというと、「これによりて、吾国自然生の物、其善きを撰み、生糸、山繭、樟蚕より、麻布、からむし……」とあり、この後約百種類の物品が数られ、生糸が筆頭にあげられている。

五　品質向上

では、その生糸の評価はどうであったか。これを『墺国博覧会筆記并見聞録』(巻之五)に見ることにしよう。先にも触れたとおり、生糸は第五区に出品された。詳しくは第五区は「織もの組みもの、織物にすべき糸の類、衣服の類、衣服に附属するものの類」である。第五区はさらに細かく分かれている。たとえば「蚕を飼ひて糸を得」に見られるように、一八類に分かれている。

第一類は、毛織りものにして、綿羊其外、糸に作るべき獣の毛、洗ひたるまゝのもの、梳り揃へたる、糸に紡ぎたる等より、羅紗其外、種々の布に織なしたるもの、あるひは、毛氈ブランケットの属、婦人の肩覆ひ布等なり。

第二類は、木綿、木綿糸、木綿の布等。

第三類は、麻からむしの類、凡そ草の繊維、糸となるべきものこれにて作りたる糸の類、織物の類、其外藁にて作りたる織物、編もの、婦人の帽子、又は葭《よし》などの類にて作りたるあみもの、細き張金にて織たるもの等。

第四類は、絹ものゝ類、生糸及び糸の屑にて作りたるもの、これに属す。

第五類は、金銀の糸にて作りたる織もの類、又は縫箔あるもの。
第六類は、レース（レースは、婦人の衣服の縁などに着くものなり）。
第七類は、メリヤスの類、手にして編みたるもの、機械にて編みたるも、こ、に属す。
第八類は、仕立たる衣服の類より、帽子、靴、手袋等に至るまで。
第九類は、壁掛け布、暖簾、夜具等の類。
第十類は、造り花、又は飾りに用うる羽なり。

生糸は第四類に出ている。生糸について『墺国博覧会筆記并見聞録』（巻之五）はつぎのような解説を附している。「生糸は、諸国の出品これあり、ことに伊太利のものもっともよしといふ。当時の相場は、目方百目に付き、七円ばかりなり、わが国の生糸も其性質はよくわからぬにあらねども、製法よろしからぬ故に、其売価は大に下れり」。

実はウィーン博覧会で得た結論は「わが国の生糸は其性質よからにあらねども、製法よろしからぬ故に、其売価は大に下れり」であった。製法がよからぬとはどういうことであろうか。生糸は光沢が生命である。蒸気製法で取った糸は後富岡シルクとして世界に通用するようになるが、本格的に取り始めて一年ちょうどでは、世界に通用する生糸は無理であろう。だが、それに甘んじていたのでは、国を豊かにすることはできない。生糸の品質を上げ売価を高める必要がある。富岡製糸場がこうした大きな使命をもって設立されたことは、すでに触れたとおりである。糸を取るのは工女の腕次第である。富岡の伝習工女がいかに大きな使命をおびていたかは、ウィーン博覧会によって証明ずみである。

当時最良の生糸を産出したのはイタリアである。イタリアでは、「いづれも蚕を飼ひ、糸を作る学校をたてゝ、其理合より教ゆる故に、年月を経るにしたがい、次第に精好になりゆくなり。繭を乾すにも日乾にせず、火の気と蒸気とにて虫を殺す、さて、繭より糸を引出すには、其繭の性質と織物の種類とによりて、少しく変れども、大抵繭四ツを一筋に取る由なり、糸を製するには、蒸気機械を用いて、糸籰《わく》をまわし、あるひは管を以て蒸気を導き、繭を煮る鍋の中の水を沸騰し、水流れの都合よろしきところにては、盡く水車を用う、今は、追々工夫をこらし、屑糸屑繭をあつめて、種々の器械にかけて精製し、結構なる糸となし、天鵞絨などを織り、あるひは縫糸に用うる由なり」。

第五区で第一等を勝ち得たのはフランス、オーストリア、ドイツ、イタリアなどであり、日本は第一等に入れなかった。操業して一年程度では第一等に入ることは無理で、伝統あるヨーロッパの生糸と肩を並べるには、工女の質を高める必要があった。『墺国博覧会筆記并見聞録』によれば、第五区で二等三等の賞を得たのは、上州富岡の生糸を始め二十数点、富岡シルクは第二等になった。だが、第二等では世界に通用するまでにはいたらない。日本のシルクがイタリアやフランスに追いつき追い越すためには、工女の腕いかんということになる。工女の役割が大きなウェイトをもってくる。

【注】

（1）「ウォルス氏信《（ママ）》州富岡日記」『富岡製糸場誌（上）』富岡製糸場誌編さん委員会、富岡教育委員会、昭和五二年。

（2）明治文化研究会編『明治文化全集』第十二巻、経済篇「墺国博覧会筆記并見聞録」日本評論新社、昭和三二年。

第六章　工女の出身地

一　工女募集

いくら「広大美麗」なる建物、「順序精密」なる工場であっても、実際、糸を取るには工女が必要である。では、当時工女をどのように雇入れたであろうか。明治五年糸を取る段階になって工女が集まらなかった。これにはいろいろな理由があろう。ブルューナが生血を吸うなどと流言飛語も大きな理由になった。「彼御雇の異人共は、実は魔法使いの悪鬼輩にして、彼のお触に応じて過ちて年若の工女を彼の工場に入れむか、可愛や其女等は忽ち彼等に生血を絞られて、其生命を断つべしと云うにあり」(1)「今日にありて此を語らば、人或は虚言なりと云うらむも、当時にありては真面目の実話なり」。

当時、これが一般の庶民感情であった。無理からぬことであろう。かたくなに鎖国政策を保っていた徳川であったわけだから、明治の世になったといってもすぐ環境が変わろうはずはない。たとえば、『交易問答』を著わし一般庶民に外国人とのつきあいを説いた才助でさえ、頑六の執拗な攻撃を受けねばならなかったではないか。たとえば、『交易問答』冒頭に、「ナント才助君僕には一向合点が参り申さぬことがござる。今度御公儀と申す者がなくなって、天下の御政事は、天子様でなさる様になったから、是迄御公儀で御可愛がりになさった醜夷等は、直に御払攘になるだろうと思って楽んで居ましたら、矢張り以前の御公儀と同じことで、加之大坂や兵庫にも交易場が御開きになり、又東京でも交易を御開きになさるという何たることでござろう。どふも此頑六杯には一向合点が参り申さん(2)」という件があるが、これが当時の庶民感情であったと考えてよい。「彼御雇の異人共は、実に魔法使いの悪鬼輩」という論法と少しも変わっていない。加藤弘之が頑六をしてこう語らしめたのは明治二年である。工女雇入れは三年後であるから、庶民の感覚がそう変わることはあるまい。むしろ、生血を吸う悪鬼と加藤弘之のいう醜夷（けとうじん）が同じ水準で論じられていることを知れば十分である。

だが、「百万其妄を弁ぜられしも、血酒は猪疑をば解き得られぬなり。解き得られぬは可しとするも、為に工女の募集に応ずる者一人も無しと云う。実に当時の血酒説は、非常の勢力あるものにして、婦女童幼は云うにしも及ばず、物の心を知れる人にても耶蘇の邪法に中《あ》てられて当町民は冥々の裏にその生血を盗まれつつあり。現に我等が身体にても、近来は減切りと其の量を減ぜるを覚ゆなぞ恥かし気も無く言い合えり(3)」。

当時としてはこれが実情であったろう。先の頑六もまったく同じことを言っているし、周知のとおり横井小楠は耶蘇教を信じ広めようとしたなどと流言飛語により一命をおとしさえしている。頑六の言うところを続けて聞き、当時の一般庶民が妄言を信じざるをえなかったことを明らかにしてみよう。「或先生の御話元来日本という御国は神国でござるから、日本人の知恵といふ者は、中に醜夷等の及びもないことで、物事何も角も十分に備って何壱つ不足のないといふ世界随一の国だそうでござる。そこで慾の深い醜夷等は、己《うぬ》が国が悪国で物事何も角も不足だらけだ物だから、世界中の国々から唯壱ツの日本国を目掛て来て、彼奴等が国の何の益にも立ない品物を持越して、日本の結構な品物を買出し、おいくへ日本の諸品を買盡して日本を弱らせ、結局には日本の国迄も彼奴等が物にしようといふ不届千万な企をするものでござる(4)」。

頑六の主張と生血を吸われてしまうという工女雇入れの風評は驚くほど一致している。これまで徳川封建体制のなかに育ち、外国人を夷などと呼び、庶民政策として鎖国を貫き通してきたわけであるから、一般庶民それも婦女子に外国を理解せよ、攘夷の対象としてきた西欧を理解せよという方が無理な注文であるのかも知れない。流言飛語が飛びかうなか、群馬県嬬恋村では、工女雇入れに絡んで嫁騒動が起きている。「富岡の製糸工場ができたとき、女工集めに来るという話が広まり、連れられて行った娘は外人に血を吸われるということで、嫁にならないものは連れて行くということになり、嫁にくれたとか、嫁をもらったという話が多くなってきて、仲人は一日に三組も世話しそのとき結ばれた人は多かった(5)」。

まったく信じられないような話だが、これが実態であろう。国際化が強調されているわりにはわが国の外人（夷欧）コンプレックスは、依然として抜けないでいるが、理由を尋ねればすでに明治の頃より始まっていると見てよいであろう。鹿鳴館時代はその裏返しであったことを考えれば、嫁に行かなければ富岡行が決まるというので無理してまで嫁に行きまた、嫁に行ったふりをするというのは、笑えぬ事実であった。

実際ブルューナはじめフランス人が愛飲したのはブドウ酒である。「然して悪説の出所はと問えば、土人は風説にあらず、現に目撃たりと云う。如何なる物を見たると問えば、別にあらず、彼等の飲む血酒と云う。猶お訊問せばそは日用の葡萄酒なりき」(6)。生血とブドウ酒を間違えることもないと思われるが、別の見方をすれば、それだけ鎖国政策が強く、攘夷思想が根強くおおっていたと考えてよいわけである。

維新回天の大事業は、西郷にいわせれば、あれは大芝居であったという。だが、政争に明け暮れした一部の有識者はともかく、一般庶民、それも婦女子が価値観の大転換を理解することの方が無理というものであろう。つまり、これまでは攘夷で通してきたものを一夜明ければ開国和新でやっていくということを理解できないのは当然である。富岡へ行くことがどれほど困難を極めたかは生血を吸われるの一言で、これ以上の説明は不要であろう。

さてこうしたなか、工女はどのようにして雇い入れられたか。明治五年の入間県の通達を見てみよう。

富岡製糸場糸とり婦女子多人数御雇入之儀先般御触之趣相違し置候得共猶又雇入之儀精々可致

旨御達有之ニ付此段相達し候村々之内差出候者有之はば書出し候様取計ひ可被成候先日も御触之通婦女子之儀別而猥り之事無之様御取締有之候ニ付掛念なく申出候様呉々も説諭可被成候各村各下受印被成早々順達留り村より相返し可被成候以上

申五月二十九日

大宮郷
役　人[7]

もう一つ別の通達を紹介しておこう。これは明治六年宮城県のもので、伝習工女雇方心得書がついている。

明治五年九月十五日番外大蔵省（宮城県水沢県外八県）富岡製糸場開業に付工女雇入方心得を頒て適当の者進致せしむ

御国用製糸良好の品出来候為め今般上州富岡へ盛大の製糸場御建築相成此程より製糸開業相成仏蘭西男女教師御雇入れにて夫々御国内婦女子へも伝習為致候処

其県管内に於ても従来養蚕製糸等相嫁来候に付ては貫属並平民の内是迄製糸等営来り業前熟練の者は別紙工女雇入心得書に照準し人撰の上名前取調差出可申尤追ては養蚕多分有之地方へ製糸場も施設致し其節は練糸の教師にも可相成人物の儀に付夫是差含人撰方取計来る十一月二十九日迄に当人共上州富岡製糸場へ差出可申事

富岡製糸場繰糸伝習工女雇入方心得書

一、年齢は十五才より三十才まで人員より十五人迄を限り候事

一、上州富岡迄旅費の儀は自分賄の事

一、御雇入中居所の儀繰糸場中二名取締一構の宿所設置三人を一部屋として御賄被下夜具其外都て御貸渡し五部屋に付小使女一人附被下且日々入浴為致候事

一、一等工女年給金二十五両二等同断十八両三等同段十二両つつ被下候事
但製糸場へ着の上一ケ月間業前工体馴等相様し本文一等より三等迄の等級相定候事

一、天長節並七節其外月々日曜日休暇の事

一、工女取締向の儀は日々繰糸業始め休暇遊業等に至る迄一定の規則設立致し置婦道に背戻候所業等は聊も無之様掛り官員始工女取締後老女にて進追致候事

勧業寮(8)

壬申九月

入間県、宮城県の通達は何ら徳川時代と変わっていないように思われる。徳川に代わって薩長を中心とする雄藩がいわゆる絶対主義時代と同じようなやり方で通達を出していると考えていいだろう。伝習生の募集とはいえ、こうした命令口調では、徳川時代の掟と何ら変わりあるまい。一般庶民が攘夷感覚を捨てきれないのと同様に、新政権も支配者意識をぬぐい去ることができなかったかがよく文面に表れている。明治五年の入間県の通達はやはり宮城県のそれよりも命令口調である。

宮城県の通達の方が応募しやすかろう。通達の口調も工女に配慮している様子が窺える。

つぎに萩の場合を見てみよう。萩は、他県より余計にくり出している。英の『富岡日記』のなかにも長州の工女が大目に見られている旨が記されている。では、その萩はどのように工女を送っているか。まず、年齢であるが、一七歳より三〇歳までで募集人員は三〇名で、往来の費用は県より支給されることが謳われている。宮城県の場合支給されなかったが、旅費の支給いかんは県の判断にまかされていたようである。つぎに月給のことについて触れているが、「製糸場より相当の月給相立てられ候事」と掲げられている。宮城県の場合、富岡製糸場の取り決めどおり、一等二五円、二等一八円、三等一二円が謳われているが、萩の場合「相当の月給」になっている。修業期間は萩では三年である。だが、よんどころなき理由がある時はこの限りではない、と但書きがつけ加えられている。

山口県ではなぜ富岡製糸場に行って修業するか、きちんとした理由をつけている。入間県や宮城県よりもその点は工女にとって分かりやすい。なぜ富岡に行くのか。理由がはっきりしている。たんに上からの命令で徳川時代のように「申し出よ」というような高圧的な態度ではない。富岡製糸場へ行かざるをえない理由が述べられている。

当県に於ても先年より追々養蚕の道に力を用ひ、其産出する所日に盛なり。依つて遂には其器械購入し、製糸場の設け無くんばあるべからず、就いては今般士民の中、婦女有志の者を選び格別の詮議を以て往来共旅費の儀は県庁より給与し、方正なる吏員を差添え、一同彼地へ差越さるべきに

付き、望みの者は早速願ひ出すべし。(9)

この説明は理にかなっているし、命令口調でもないので、読んだ者はなるほどと思わずにはいられまい。旅費も他県は自費だが山口県では格別詮議の上で支給するというのである。これからは養蚕、製糸の時代である。婦女子の有志を選んで、雇入れについても工女の興味を奮い起こさせる書き方になっている点は、通り一遍の入間県や宮城のそれとは趣が異なる。工女の心理をかきたてるような内容になっていることは特筆していいであろう。さらに、つぎのような心にくい配慮をも忘れてはいない。

但し修業の志あれ共、或は衣裳に乏しきを以て其志を阻止する者もこれ無きにあらざるべし。或は又婦女子の常情といえども、彼の製糸場は偏えに婦女子修業場合にして、衣裳の美悪を争うにいとまあらず、只寒暑を凌ぐに足れば更に悪衣を恥づべからず、一旦些少の事を以て終身事業の機を失はず、他日錦を着し郷に帰るの志を立つべき事、是又父兄の訓戒すべきところなり。(10)

心にくい配慮といったのは、分かりやすくいえば貧富に関係なく志ある者は申し出よというのであるから、対象が広く応募しやすい条件が整うことになる。そういうことを気にすることなく、故郷に錦を飾れというのであるから、ますます応募を奮い立たせることになる。貧富に関係なく志ある者は大いに参加して欲しいというのである。そしてそのことが山口県の将来を約束するであろうという口調、製糸にたずさわる者が多ければ多いほど豊かになり、それは工女の双肩にかかっているというような募集の仕方はやはり、他県より一歩進んでいたとみていいのではなかろうか。

この募集要領が的を射ていたのか、それとも萩という風土のせいか四月に三〇名の定員枠をオーバーし三八名が、続いて六月に二〇名が富岡入りすることになった。ところで四月入所した三八名中萩の者は一七名を数えている。六月入所は二〇名中萩出身者は一三名なので、四月、六月合わせて五八名中萩出身者は三〇名を数え、半数以上は萩の者ということになる。なぜ萩女が多かったかについては、「をなご台場」以来の伝統が発揮せられたとあるだけで、これ以上の説明はない。だが、筆者の見解をつけ加えておけば、およそつぎのようなことが言えるのではなかろうか。

萩の伝統はパックス・トクガワーナに対する批判のかたまりと考えてよい。関ケ原以来徳川にたいして批判の急先鋒の位置をけっして譲らない。いつか徳川を倒してやるとの意気込みは強かったに違いない。幕末、毛利敬親は下臣の言うことをよく聞くことで有名で「そうせい候」の異名をとった人でもある。明治の世になり、政権は薩長連合の観が強い。近代日本をリードする人物が特に萩から出ている。近代日本をリードしているのは長州だが、その中身は萩出身者が圧倒的に多い。その長州藩出身のリーダーが国の将来は製糸業であると強調するのであるから、士族の婦女子が協力せざるをえないのは当然のことではないのか。そのため山口県では半数以上が萩出身者で占められた、と考えてもあながち無理な推論ではあるまい。

山口県から富岡へはどのようにして入所したのであろうか。山口出身の国司チカによればつぎのような経路になっている。第一回の三〇名は多く士族の娘で、まず山口に集まり、三田尻港から蒸気船で神戸まで行き、神戸で一泊し米国船ニューヨーク丸にて横浜へ上陸したとある。井上馨の姪二人も応募していたので、横浜では井上馨が出迎えに来た旨も記されている。横浜からは前年開通したばかりの汽車に乗り新橋に着き、東京見物した後上州富岡へ向かった旨が語られている。この行程で、旅費がどの程度かかるかわからないが、かなりの出費が嵩んだことだけは確かである。もしこれを自費でということにしたならば、これほど工女に応募があったか疑問である。山口県ではそれを見越して旅費は公費ということにしたのかも知れない。明治六年山口県より富岡への旅行日記はつぎのとおりである。

四月五日　快晴、惣人数三田尻に集会
四月六日　晴天同所滞留
四月七日　晴天、暁六字《（ママ）》、金刀比羅艦集合三田尻竜ケ口出帆午後四字四十分予州三ツケ浜ニ着、
　　同五字十分同所出帆
四月八日　晴天、暁五字讃州多登津ニ着同五時十六分同所出帆
　　午前八時十六分同国高松ニ着艦同十一時二十分同所出帆
　　午後九時十分摂州神戸ニ着艦同所専崎屋弥兵衛方ニ宿ス
四月九日　晴天、午後三字五十四分米国飛脚艦「ニウヨルク」に乗艦シテ神戸出帆
四月十日　晴天、海上平穏ナリ
四月十一日　晴天、暁四字横浜ニ着艦午後一時横浜ヨリ陸蒸気汽車ニテ二字十分、東京新橋ニ着

ス、同四時同所馬喰町山城屋弥市宅ニ着宿ス
四月十二日　晴天、同所滞留
四月十三日　晴天、同断
四月十四日　曇天、同所滞留
四月十五日　同所
四月十六日　雨天　朝六字馬喰町出立シテ上州ニ行ク(11)

三田尻から富岡に向けて出発するまで一二日間も要している。馬喰町から富岡まで一〇〇キロ以上あろうから徒歩では五、六日はかかろう。途中休息をいれているので余計にかかっているが、山口県からだとざっと二週間はかかる。それも船を乗り継いでのことだ。和田英が信州の松代から富岡まで足かけ四日要している。女性の足では一日約二〇キロ程度であろう。徒歩で山口県から来ようものなら幾日かかるか見当もつかない。だが、彼女らは人力車で三日かかって富岡に到着している。山口県が旅費は公費とする意味が、この旅行日程を見ることによって頷けよう。かりに自費であるならば旅費がバカにならないから、実収入は大幅に減少してしまうため、公費という処置をとったと考えていいだろう。これは別な見方をすれば、山口県が製糸業に力を入れている証拠でもあろう。

各県からの通達によって、工女はどのように集められたか。水沢県の場合を見ておこう。

御届

上州富岡へ製糸工女御雇入に付願人共大蔵省へ御届之儀上州富岡へ製糸工女雇入に付願人申出候に付

右之通本省江御届相成候

上州富岡租税寮出張所江は右之段通知致置候方と此段御伺申上候也

壬申十一月十日

上州富岡製糸所工女指出候御届

陸中国磐井郡第一大区小一区一奥村

貫属士族笠原橋　五女市　壬申十七才

陸中国磐井郡第一大区小一区一関村

貫属士族小岩綱三　三女春　壬申十八才

陸中国磐井郡第一大区小一区一関村

貫属士族笠原雅彦　伯母清　壬申二十四才

陸中国磐井郡第一大区小一区一関村

貫属士族矢間虎三郎　姉中　壬申二十四才

陸前国登米郡第二十六区小五十五区寺池村

農川村鉄五郎　長女万佐　壬申十六才

陸前国登米郡第二十六区小五十五区寺池村

農佐藤善内借舎富嶋栄五郎　妹きう　壬申二十一才
陸前国登米郡第二十六区小五十五寺池村
農菊地六郎　長女美を　壬申十八才
陸前国登米郡第二十六区小五十五区赤生津村
農大槻健三郎次男捨之進　妻美津　壬申二十才
右之もの共今般上州富岡製糸場繰糸伝習工女当県内より人撰の上指出申候
此段御届仕候　以上
壬申十一月五日
水沢県参事　増田繁幸
大蔵大輔　井上馨殿(12)

水沢県の応募方法も命令口調ならば、御届も同じ論法である。今日から見ればよくもこれで人が集まったものである、と逆に感心させられる。明治六年一一月といえば、富岡製糸場が操業を開始してちょうど一年たっている。にもかかわらず、相変わらず江戸時代が続いているかのような書き方になっている。新政府といっても、中身は徳川時代を受け継がざるをえなかったのかも知れないが、山口県の場合と比べるとかなりの差がある。水沢県からは八人の応募があったが士族と農民が四人ずつとなっている。年齢は一六歳から二四歳まで、平均年齢は二〇歳である。

二 工女の期待

では、工女が富岡行きをどう考えていたであろうか。たとえば出石藩の青山しまの場合をみておこう。和田英が松代から富岡へ出発する時もたいそう意気込んでいたが、青山しまの場合もそれに近い。出石藩からは二五人が富岡へ赴いたが、ほとんどが士族の娘であった。青山しまはこう語っている。「私の十四の時（明治五年）みんなが上州へ製糸を習ひに行くといふことを聞いて、ほんの子供心から私も行って見たくなり、『上州へ行きたい。上州へ行きたい』と口癖のようにいっていたら、『それほど行きたいのなら行くが好い』といって、話をしてもらって行くことになりました」。青山しまの語るところによれば、富岡製糸場の工女は、ある意味では若い娘のあこがれであったのかも知れない。ただ、誤解や風聞によって一般の子女が集まりにくかったが、青山しまのような場合もあったことは特筆してよいであろう。

飯野みさ子は高崎藩の士族の娘であったが、当時一五歳で入工している。最初は、生血を吸われるという噂のため一人も応募する者がなく、士族の娘が選ばれその一人となった、という。飯野みさ子の言うところを聞いてみよう。「高崎県では直接監督に当る事とて工女の募集に努めましたが眼色毛色変った外国人が十二名程来て何か教えるそうであるが彼等に接近するとどんな酷い目に逢うかも知れぬ等と憶説を流布いたしました為に附近の人には誰一人として工女に応ずる者がありませんでした。其処で政府でも困って各府県の役人の中から娘を持つて居る者は出したらよかろうと云ふので私も其勧誘を受け最初の工女として富岡へ行く事となり高崎から観音山を越して父に連れられて参りました」(13)。

また、飯野みさ子は京都から磐亀という公家の姫様が女中を連れてやってきた旨を述べているが、このエピソードは工女がどのような立場にあったかを物語る恰好の材料であろう。さらに飯野は三週間ほどで一人前になったと述べているが、ずぶの素人が三週間ほどの訓練でとても一人前の糸取りになったとは思えないのだが、「三週間計りて総て習得が出来試験済みの工女となりました」とある。西洋式の機械を見た富岡の人たちも見に来るようになり、一人前の工女ともなれば其当時相当の給料が得られることもあって、最初恐れをなしていた娘たちも安緒の胸をなでおろし、工女として志願するという風になった、という。飯野も英と同じように高崎に帰る途中吉井から人力車に乗ったとのこと。これらの記述を見ると工女たちの待遇は当時かなり破格であったと考えてよかろう。富岡へ行く前と実際糸取りについて手当てをもらい、帰りには人力車で故郷に錦を飾るというような風聞がまた、富岡製糸場への期待を高めたことも事実である。

つぎに時代を下って、民営時代の工女の様子をみておこう。大正二年生まれ群馬県出身の戸塚ウメは、「私の母親の実家が岩平なんですね。私が母とその実家にお客にいった帰りに飯塚さんの家に寄ると、四月に卒業したばかりの多胡さんというかわいい人が富岡製糸に行くんだということで母親に連れられて来られていたのです。それが私が原製糸へ来る一年前のことなんです。その後、私も高等小学校を卒業して……私の母親が製糸というのは女の道の一つであり、いい仕事だと思っていいる。

たものですから、じゃあの人のところへ行ったらいいじゃないかというので、多胡さんへのあこがれみたいなものもあり、お世話になったのです」。さらに明治三五年生まれの高橋よしは、「私は日本でいくつもない模範製糸だというので、……それでいいなあと思っていったわけです[14]」と語っている。

官営富岡製糸時代においても民間の経営においても、工女のあこがれの的みたいなところがあったことは、工女の証言で認識できる。たしかに、明治三一年生まれの小林よめのように、「お恥かしい話ですが、親が経済的にあまりよくなかったもので十二才の時から行きました。あそこより働くところがなかったのです」、という場合もあったことは確かである。だが、富岡製糸場が創業以来工女の仕事場としては他より優れていたことだけは確かのようである。

それが証拠には先の出石藩の青山しまのような場合は、最高であろう。「ここへ六年いましたが別に稽古がえらいとも、つとめがつらいとも思いませんでした。毎日六時から十二時まで仕事をして、十二時から三時まで休み、三時から六時まで仕事するのでした。休みの間には官員さんたちも一しょ広場で鬼ごとをして賑かなことでした。十時に床に就くのです」。「一週間に一度はどんたくがあり、土用と寒に三十日づつ休みがありました。よみかきでもお針でも習はうと思へば立派な先生がいて、いくらでも習へました。病気になれば立派なお医者にかけてもらいました。時には芝居や花見にも連れて行ってもらい、すべてお手当はたいへん宜しうございました。……給料は初め一ケ月九十銭、それから一円五十銭、三円、しまいには四円五十銭もらいました[15]」。その上伝習を終了し帰郷することになれば、「出石につくとまず役場へ連れて行かれ、みんなから『おめでとうこざいました』『おめでとうございました』とお祝いしてもらうことが出来」たわけであるから二〇歳前の工女としては、これほど名誉なことはなかったのではなかろうか。さらに、富岡伝習工女は和田英の場合と同じように、民間の製糸場へ教婦として教えに行くことが待っている。出石藩の伝習工女は二五人であった。この工女たちが帰郷し器械製糸の技術を伝えた最初である。こうみてくると工女たちが富岡製糸場へいだく思いは相当なものと考えてよいだろうし、たいへんな期待をもっていたかは十分に察せられる。

最初はともかく富岡製糸場の実態が分かってくると、むしろ青山しま、飯野みさ子の場合にみられるように、富岡製糸場へのあこがれのようなものがあった。だが、これから見るように、一〇歳や一二、三歳の子供が工女として送り込まれなければならなかったことも合わせて知っておく必要もあろう。

三　出身地・年齢

『富岡製糸場誌』（上）に工女の郷貫調査が記されている。明治六年一月から一七年にかけての調査であるが、途中抜けている部分もあるので正確ではないが、工女たちの故郷がどのへんにあったかが分かる。明治六年一月の調査では工女四〇四人となっているが、最も多いのは群馬の二二八人、続いて入間（埼玉）が九八人、宮城が一五人、山形（置賜、酒田）一四人、長野一一人という順になっている。

同年四月の調査では全体で五五六人中群馬一七〇人、長野が一八〇人であるから長野が全国一になっている点が注目される。和田英が出てきたのもこの年であるから、長野が大量に送り込んだ年と考えてよい。入間は八二人で前年より少し減っているが第三位である。

下って九年は飾磨（兵庫）一五三人でトップ、続いて足柄（神奈川）が一〇三人で、東京四九人、静岡三五人。

明治一一年は滋賀が一六七人でトップ、続いて群馬五九人、新潟五〇人とトップが入れ替わる。

一二年、滋賀が一三二人でトップ、長野七四人、群馬五四人、新潟五三人。

一四年、滋賀八二人、岐阜四三人、新潟三六人、群馬三三人、長野三一人。

一五年、飾磨（兵庫）八一人、岐阜五七人、新潟二八人、群馬二五人。

一六年、大分七六人、愛知六六人、滋賀五三人、岐阜四七人、鳥取二〇人、群馬一七人。

一七年、愛知八〇人、滋賀、大分それぞれ四四人、岐阜四三人、群馬二三人。

郷貫調査で注目されるところは初期の段階であろう。工女がなかなか集まらないといわれた明治五、六年の頃であろうが、数字で見る限り明治六年一月の段階では四〇四人、六年四月が五五六人であるから、他の年次に比べると初期の方がむしろ多くなっている。これには理由がないわけではない。工女が集まらなかった理由はいろいろあろうが、いま入間県、埼玉県、長野県の郷貫録（戸籍）を中心に、工女を集めるのにいかに苦労したかを追ってみることにしよう。

まず入間県からみてみよう。群馬と並んで埼玉方面の工女は多いが、初期の段階では入間県が多い。郷貫録には尾高惇忠の娘勇も名をつらねている。郷貫録によれば入間県からの工女は明治五年七月から翌年六月までの入工が記録されているので、創業時から入間県の工女が募集に応じたことが窺える。募集がいかにたいへんであり、工夫をこらしたかは、年齢構成を見ればよく分かる。入間県が埼玉県、長野県と比べると年齢構成に苦慮したあとが窺える。

というのは、六〇歳代が一人、五〇歳代が三人、四〇歳代が六人、三〇歳代が七人、ちなみに二〇歳代は一九人である。埼玉県も入間県と同じような年齢構成になっているが、入間県の方が高齢化率が高い。最高齢者は手斗村、徳太郎の母松村和志六二歳である。松村和志は入間県の工女の元締の役割、世話係のような仕事をしていたのであろう。六二歳ではとても糸をとるところまではいくまい。入間県の工女の相談役のような仕事をしていたのであろう。小川村伝次郎の母青木照は五九歳入、退社は松村和志と同じであり、仕事も同じである。早津作は四九歳で松村和志、青木照と同じ工女の世話役（取締役）であった。押切村金左衛門の母笠原滝は締補という役柄であるので、松村和志、青木照、早津作の補佐的な仕事をしていたのであろう。小川村半平の娘森村時は二五歳であるが取締補になっている。これらの四人の取締役、取締補佐役で一〇五人の工女の面倒をみていたと考えていいであろう。

入間県の工女のなかには年齢が若冠一〇歳というのが二人いる。小鹿野村哲蔵の娘佐藤喜多、同村久吉の娘森ふみである。一〇歳といえばまだ小学校四年程度であろうから、親元を離れて一人糸を取るというのは至難の業であったに違いない。入間県では一〇歳をはじめとして一一歳一人、一三歳五人、一四歳八人、一五歳三人と、一五歳以下が一九人もいるので、これらの工女はまだホンの子供であるので、親代わりとして面倒をみたのが取締役、取締補佐役であったのであろう。それにしても規定をはるかにこえた工女を入工させねばならなかったところに、工女募集の苦労が窺えるというものである。

つぎに、工女のなかで妻という項目があるが、これも工女募集に苦労した証である。寄居町藤兵衛の妻小西そ代四五歳、三ケ尻村実四郎の妻小暮酉四八歳、それに小鹿野村音吉の妻山中駒一六歳である。四〇も半ばを過ぎ糸を取ることは容易なことではなかったであろう。四〇代ではこの他、小川村テル厄介関口美津四五歳、品沢村宮吉姉関根政四〇歳がいる。さらに母で工女という場合もある。先述の取締役、取締役補を除いて工女として入工している高齢者が何人かいる。母は全部で六人いるが、小川村亀次郎母前田増五三歳、小鹿野村浜吉の母平尾品三三歳、牧西村庫三郎母森栄五七歳らである。母で工女というのは妻で工女と同じくらいたいへんであったに違いない。これは裏を返せば工女募集に困難を極めた証拠であろう。先述したとおり、尾高惇忠の娘勇を出さざるをえなかったことを考えれば、この程度のことはやむをえなかったのかも知れない。勇は若冠一四歳であるから、中学二年生程度であった。

では、入間県の場合、年齢構成はどうなっているか。一〇代六七%、二〇代一七・四%、三〇代六・四%、四〇代五・五%、六〇代〇・九%となっている。創業時からの募集ということも手伝ってか、入間県では年齢の構成幅が大きい。全工女の一〇九名中三〇歳以上が一七名もいる。さらに中身の方では妻・母が九人という構成である。工女は娘が大部分であるが、三〇歳以上を二〇名近くも動員せねばならなかったところに工女募集の難があったかが窺えようというものである。入間県では二〇歳代も多い。二〇歳代が一九人いる。一七・四%占めている。それゆえ、年齢構成上からみても入間県は、創業時の段階だけに一苦労があったように思われる。

埼玉県からは一一六人が応募している。その内訳は一〇代九一人、二〇代一三人、三〇代五人、四〇代六人、五〇代一人である。内訳をみると妻八人、母六人であり、士族は七五人となっており、入間県と大きく異っているのは、士族が多いことだ。士族が多くなっている点では、長野県と同じ傾向を示している。一〇代を立ち入って考えてみると、一二歳が一〇人、一三歳が一三人、一四歳が一二人、一五歳が一五人となっており、埼玉県の方では一二歳が最年少である。入工期間は明治六年八月から明治一七年九月であるから、埼玉県の方が一年ばかり創業時から後ということになる。

妻と母を追ってみよう。妻は先述のとおり八人いる。郷貫録順に追ってみると、士族清作の妻永橋浦一七歳、士族鎌三の妻大島基一六歳、士族尹寿の妻鈴木長一六歳、士族惟孝の妻原田国一六歳、士族丈右衛門の妻小山光四四歳、士族福作の妻山野沢二三歳、永井太田村八十蔵の妻塚越秋一八歳、浦和喜兵衛の妻高橋貞一七歳らである。小山光を除けばほとんどが一〇代であるから、結婚が早かった当時としては、妻でありながら工女であった。となると、埼玉県の方は四〇歳以上二人ということになる。入間県よりも年齢構成からいえばだいぶ低い。

母はどうであろうか。七人いる。士族庄三の母鈴木光二七歳、士族近房の母石川駒三五歳、士族太郎八の母平川ると四四歳、士族進次の母永橋米四〇歳、士族才助の母筧まき四九歳、士族新八の母西山豊四二歳、士族善之亟の母中野慶五〇歳、母は全員が士族である。それだけ危機を感じての応募であったのかも知れない。入間県の場合、取締役、取締補佐役としての高齢者が三人いたが、埼玉県の場合すべて工女という資格である。母の応募はおそらく娘たちに「私たちも応募するのだから」という意気込みを示したからに他なるまい。おそらく士族であるならば、糸取りの経験は積んでいないであろうから、場合によって孫にも相当するであろう娘たちに、国家存亡の時にあたって、という範を示しての応募と考えてもあながち無理な推論ではあるまい。

埼玉県で注意すべきは、士族が多くなったこと。士族が多いという点では、次節の長野の例に似ているが、これは工女応募が思うにいかないということで、通達が危機感を訴えたからであろう。この危機感に士族の母や子女が答えたからである。さらに入間県と比べると年齢層が全体的に低くなったことである。たとえば、一〇代が七八・四%、二〇代が一一・二%で、一〇代、二〇代で全体の約九〇%を占めている。三〇代が四・三%を占めるので、応募の年齢が一五歳から三〇歳という枠からして概ね主旨にそっている。ただ、一五歳未満が埼玉県では三五人三割以上いるので、やはり相当の無理もして応募している点は否めない。三〇歳以上が一二人一割以上いるので、四割強が応募の規定からはずれていることになる。その外、年齢と重複するが、母、妻も一五人含まれている。母も妻も糸を取るということでは一般の娘、工女と比べたらたいへんなハンディがあったに違いない。それをあえて、年齢制限や母、妻という枠をも考慮に入れねばならなかったところに工女応募がままならなかったこと、さらに竿頭一歩進めて言えば、それだけ富岡製糸工場が国家的事業でもあった証拠であろう。

長野県はどうであろうか。郷貫録によれば、長野からは五年九月の入工から一七年一一月まで都合三三七人が応募している。例によって中身に立ち入ってみることにしよう。長野県の第一の特徴は大体一五歳から三〇歳までにおさまっていることである。一〇代が二六三人、二〇代七三人、三〇代一人であるから入間県、埼玉県と比較すると正規な応募ということになろう。妻も二人を数えるにすぎず、母はゼロである。妻が二人いるが、一人は士族小十郎の妻宮坂品で年齢一四歳、他の一人は小諸士族政雄の妻加藤艶一七歳である。一〇代であるので、おそらく士族の妻ということでの応募であったに違いない。宮坂品は明治六年四月に入工し七年八月まで働いているので、一年と四カ月の勤務ということになる。退社してもまだ一五、六歳であるから、これなどをみると相当無理したように考えていいであろう。加藤艶は一七歳、『富岡日記』の和田英が一七歳なので、こちらの方は和田英と同じ士族の娘ということで応募したものだろう。

気になるのは一〇代の中身である。一四歳以下が長野県でも三九人いる。一二歳一人、一三歳二四人、一四歳一四人、約一割強が一四歳以下である。このなかに先述の宮坂品が入っている。入間県、埼玉県と比べると応募基準にほぼ則っているように見える長野県も相当苦慮している点は、それらの数字がよく物語っている。長野県と埼玉県と同様一〇代、二〇代で約九五％を占めているので、数字の上ではほぼ応募どおりである。埼玉県の場合もそうであったが、長野県の場合も士族が多い。その割合は埼玉県の方が多いが、実数では長野県の方が上回っている。埼玉県が七五人であるのに対して長野県では九八人と二三人も上回っている。長野の場合率に換算すると二九・一％で埼玉県の六五・〇％をかなり下回ってしまうが、士族の娘が富岡に行かねばならなかったのは、和田英がその様子を生々しく伝えている。

四　士族の出身

郷貫録によれば和田英らの入工はつぎのように記録されている。

士族	均 松代 娘六	河原　鶴	拾三年	六年七月入 七年二月出
同	数馬 娘三	横田　英	拾七年	同 七年七月出
同	盛春 姉三	和田はつ	廿五年	同 同
同	石右衛門 娘三	小林多加	廿一年	同 同
同	同 三	小林　秋	拾六年	同 同
同	友次郎 娘三	米山志摩	拾九年	同 同
同	挾雄 娘三	金井しん	拾四年	同 同
同	藤右衛門 娘三	長谷川浜	拾三年	同 七年七月出
同	妙成 娘三	酒井　民	拾七年	同 同
表柴町	長作 娘四	塚田　栄	拾七年	同 同
代官町	喜作 娘三	春田　蝶	拾六年	同 七年九月出

四台町	亀三吉娘	小林	岩	拾六年	同七年七月出
御安町	友三吉娘	福井	亀	拾八年	同七年七月出
同	吉五三郎娘	東井	留	拾九年	同七年七月出
士族	宣蔵娘	坂西	滝	拾五年	同六年八月出
士族	小十五郎妻	宮坂	品	拾四年	同七年八月出

以上が郷貫録に載っている工女の名前である。これを英の『富岡日記』と比べておこう。英はつぎのように記している。

此時の人名			
河原均（旧名左京）	次女	河原鶴子	十三歳
金井好次郎	妹	金井新子	十四歳
和田盛治	姉	和田初子	廿五歳
酒井金太郎	長女	酒井民子	十七歳
米山友次郎	妹	米山嶋子	十八歳
坂西　某	次女	坂西瀧子	十五歳
長谷川藤左衛門	長女	長谷川淳子	十四歳
宮坂　某	未来の妻	宮坂しな子	十四歳

小林右左衛門	長女	小林高子	廿一歳
同	次女	同　秋子	十六歳
小林　某	長女	小林岩子	十七歳
初井友吉	長女	初井亀子	十八歳
塚田長作	長女	塚田栄子	十七歳
東井　某	次女	東井留子	廿一歳
春日喜作	次女	春日蝶子	十七歳
横田数馬	次女	横田英子	十七歳

郷貫録に記載されている名前と英が記憶しているそれでは若干の違いがある。大正年間に書いた『富岡日記』であるので、思い違いしている箇所もあり、名前の方も定かでなかった点は否めない。ここではそれを問題にしているのではなく、英らをはじめとするいかに多くの若い娘たちが富岡に出かけたかが分かれば十分である。両者の違いについて二、三気がついたところを記しておこう。たとえば、郷貫録では宮坂小十郎の妻宮坂品となっているが、『富岡日記』では宮坂某となっている。筆者は一四歳で妻となっているのは余りにも早すぎると思っていたが、『富岡日記』では「未来の妻」つまり許嫁のことであった。郷貫録では妻の真意が分からなかったが、英の註釈で理解することが可能であろう。『富岡日記』の小林某は小林亀吉、東井某は東井吉五郎のことである。工女の名前が違っているのもある。たとえば、長谷川浜を英は長谷川淳子と記しているが、これは記

憶違いであろう。さらに面白いことには、しん、しな、などに英は全員子を附していることである。

英は各地から集まってきた工女の郷貫についてつぎのような記述をしている。

「諸国より入場致されました工女と申舛るは、一県十人あるいは二十人、少きも五六人とほとんど日本国中の人にて、北海道の人迄参って居舛。其内多きは上州、武州、静岡等の人は早くより入場致て居られ舛たから、中々勢力が大した物で有舛」[16]。上州、武州が多いというのは郷貫録を見ればよく分かるが、静岡が多いというのは、英が居た時は十名余りであるので、この辺は思い違いをしていたのかも知れない。静岡では明治六年四月の段階では六人であるからむしろ宮城一五人、山形一四人、浜松一二人、岩手八人の方が多かったわけであるが、英には静岡の人が目についたのであろう。続いて英は「此静岡県の人は、旧旗本の娘さん方で有まして、上品でそして東京風と申し実に好たらしい人斗り揃って居ました。上州も高崎、安中等の旧藩の方々は、やはり上品で有りました。武州も川越・行田等の旧藩の方には、上品で意気《ママ》な風で有りました。さすが尾高様の御国だけに、取締などは、皆川越辺の人斗りで有りました」[17]。英がいかに士族の娘として、工女に紅女としての誇りをもっていたか、さらに他藩の工女をほめることによって士族としての誇りを維持しようとしていたかがよく伝わってくる。その点、山口県工女の入場について記した箇所があるが、これも士族としての英の誇りを述べたものとして興味深い。「山口県から三十人程度入場致されました。私共の部屋は南下部屋にて惣取締青木様の隣で有舛から、たとい一人の入場者が有りましても直に分り舛、殊に三十人程も有まして、其頃長州からお出の事故御様子も餘程違ひ舛。袖もみじかく御着物が大かたもめんの紺がすりのわた入、帯も木綿の紺がすりが多く有りました。中にはずいぶん上等な衣服を着た方も有ました。皆士族の方だと申事で、中に上品で有ました。それを見ました私共の喜びはどの様で有ましたろう(18)」。

誰でも自分の故郷を自慢したがるものであろうし、誰しもナショナリズムを持っていよう。富岡に来て工女たちがナショナリズムを高揚する場合、やはり明治の世となったとはいえ、士族という点ではなかったか。英の言葉の節々に士族だから上品だとか、意気だとかという言葉が飛び出してくるが、それらの言葉は裏を返せば自分たちが士族として上品だ、意気だと取れなくはない。さらに知らない地富岡に来て、士族という共通の基盤を持つことができたのも大きな味方だと思ったからであろう。

郷貫録をもとに私は長野県について、上述のような分析をしたが、英自身はどうみていたか。

「扨、長野県はと申舛と、実に入場者の多き事、二百名近く有まして、私共が一番後から参った様に思われ舛、小諸、飯山、岩村田、須坂等の方々は中々上品で有ました。すべて城下の人は宜しい様に見受けました。此様に申ましたら、御立腹に成方も有舛かも知れませんが、山中又は在方の人は、只今の様に開けませんから、とかく言葉遣ひ其他が城下育ちの人様には参りません。何に致しましても、此様に沢山居まして、其内に色々の人が有舛から、一寸行儀悪う御座いましても、あれは信州の人だ、又信州の人があんな事をした、こんな事をしたと、中々やかましく申舛から、それを私共が見聞致舛と、何共申されぬ程恥かしく、又つらい様に思いまして、私共一同は決して信州と申さぬ事に致しまして、長野県松代と申て居りました(19)」。この件を見ても英がいかに士族を、松代を誇りとしていたかが窺えようというものである。

各県のナショナリズムが展開されるが、根底を貫いていたのは、士族としての誇りであったろう。だから、彼女らは工女として国富増進のため、ひいては国家的独立を担っていこうという気持はあったに違いない。後に述べるが、資本主義の影の部分として台頭してくる女工哀史のような悲愴な姿は彼女らにはない。英の誇りをみれば一目瞭然である。

富岡製糸場の工女がいかに誇りを持っていたか。山口県の国司チカはつぎのように述懐している。「富岡製糸場の工女と云へば大変権威がありました。それは大蔵省の製糸場であり入場している者が徳川旗本のお嬢様とか或は地方の有力な士族の娘達ばかりでありましたから町に出ても指一本さされるということはありませんでした」[20]。この件は英と共通性がある。国司チカも英も共通の認識に立っている。だから、英は在の人という言い方で自分たちとは上品さという点で異なる旨を強調したのであろうし、国司チカは士族を全面に打ち出しているが、これはエリート意識であろう。

だが、士族の娘と一般庶民では喰い違いもあったことは見逃してはなるまい。英や国司チカは士族であったし、山口県では工女に他県よりも力を入れていた。英やチカが強調するほど工女の中身は上品でエリート意識が強かったかどうか問題は残ろう。入間県、埼玉県、長野県の郷貫録を総合的にみておこう。英やチカの言説は十分認めつつも全体の構成はかなり厳しいものがあったことを十分認識する必要はあろう。入間、埼玉、長野三県の平均の年齢構成はつぎのとおりである。全体で五六二人、出入の期間は明治六年四月から明治一一年三月である。一〇代は四二七人で全体の七六・〇%を占る。二〇代は一〇五人で一八・七%、三〇代は一三人で二・三%、四〇代は一二人で二・一%、五〇代は四人で〇・七%、六〇代は一人で〇・二%、以上が工女の年齢構成である。さ

表1　郷貫録にみる工女の年齢構成

（単位：人，カッコ内％）

県別＼年令別	10代	20代	30代	40代	50代	60代	合　計	母	妻	士族
入間県	73 (67.0)	19 (17.4)	7 (6.4)	6 (5.5)	3 (2.8)	1 (0.9)	109 (100.0)	6	3	2
埼玉県	91 (78.4)	13 (11.2)	5 (4.3)	6 (5.2)	1 (0.9)	—	116 (100.0)	7	8	75
長野県	263 (78.0)	73 (21.7)	1 (0.3)	—	—	—	337 (100.0)	—	2	98
合　計	427 (76.0)	105 (18.7)	13 (2.3)	12 (2.1)	4 (0.7)	1 (0.2)	562 (100.0)	13	13	175

（注）『富岡製糸場誌（上）』郷貫録より作成.

表2　郷貫録にみる若年層の年齢構成

（単位：人）

県別＼年令別	10歳	11歳	12歳	13歳	14歳
入間県	2	1	—	5	8
埼玉県	—	—	10	13	12
長野県	—	—	1	24	14

（注）『富岡製糸場誌（上）』郷貫録より作成.

らに、若年層と三〇歳以上の高齢層は以下のとおりである。一〇歳は二人、一一歳一人、一二歳一一人、一三歳四二人、一四歳三四人となっている。三〇歳から六〇歳までの合計は三〇人である。国・県からの通達では一五歳から三〇歳までとなっているが、この枠を越えたり満たなかった工女が一〇〇人近くいたことは、それだけ募集が困難を極めたことを物語るといってもよいであろう。

郷貫録からは年齢構成の他に、つぎの特色を読み取れる。母、妻が合計二六人も応募しているという事実である。全体では四・四％にすぎないが、前述したとおり四〇代、五〇代、六〇代の工女がかけつけたというところに、富岡製糸場への期待がいかに大きかったかが分かろうというものである。士族が応募したことも大きな特色であろう。全体で一七五人、三一％強であるから三人に一人は士族ということになる。士族がいかに国家的事業に参加したかは、先の和田英や国司チカの言葉がそれを物語っている。

五　士族工女の心意気

なにはともあれ、これまで工女募集については、ブルューナをはじめ生血を吸い取られるとかの風聞のために工女がなかなか集まらなかった旨が強調されてきた。これも大きな理由の一つには違いない。だが、最大の原因は近代日本といってもまだ明治六年の段階では、世界に目を向け、万機公論に決すべし、などといっても一般の庶民に分かるはずはないし、ましてや女子が近代社会の原理、価値観の転換を理解できるものではなかったであろう。交通の発達していない当時にあっては、おそらく隣村に行くにも難であったに違いなかろうから、全国から工女を募集するといっても限界があった。私が住む甘楽町でさえも今でこそ車社会になって富岡へは容易に行くことができるが、徒歩の時代にあってはめったに行けるものではなかった。富岡へは盆と正月おそらく祝日でもない限り足を運んだことなどなかった。それもつい最近のことである。一三〇年も前のことであるから工女が集まらなかったのは当然と考えてよい。むしろ、よくもこれだけ集まったといった方が当を得ているのではなかろうか。明治六年一月で四〇四人、同年四月に五五六人であるから相当の数と考えてよいのではなかろうか。

郷貫調査によれば群馬、入間（埼玉）、長野、（足柄）神奈川、栃木、茨城、千葉、新潟、東京、（置賜）（酒田）山形、福島、宮城、（水沢）青森、岩手、（浜松）静岡、愛知、岐阜、石川、（豊岡）

京都、（飾磨）兵庫、滋賀、大阪、奈良、島根、鳥取、山口、（名東）徳島、大分、長崎、北海道に及んでいる。よくもこれだけの県から富岡の地まで来たものである。船と徒歩を頼りに北海道や長崎から来るのは並大抵の事ではあるまい。現在の外国行き以上の旅であったろうから、富岡行きがいかに困難を極めたかは想像して余りあるものがある。

応募の困難さを突破したのが士族の娘たちであった。富岡製糸場の初代工場長を勤めた尾高惇忠の娘勇の場合に見られるように、また松代の横田数馬の次女英のように士族の娘が気を吐いたことも認めないわけにはいくまい。とはいえ、郷貫録に見るように、士族ばかりに目を向けることは、残りの六〇％強の一般工女をどうみるかということになりかねないが、国司チカにみられるように、一般の工女も士族に負けず国家的独立を一身に担うべく富岡にやって来たことも承認しておく必要があろう。それゆえ、郷貫録から窺えることは、西欧列強に対する国家的独立を一身に担ったのが工女、紅女であったが、その中心をなしたのは士族の娘たちであったろうし、それらと連携したのは一般の工女であったとみなしてよいであろう。入間県、埼玉県、長野県の郷貫録はそのことを強く訴えているように思えてならない。

入間県、埼玉県、長野県の郷貫録から工女の全体像を類推することはあまりにも資料が少なすぎるが、三県の流れは全体の特徴をよく示しているように思われる。特に入間県の場合、明治五、六年の初期の工女募集についてどうであったかがよく分かるし、埼玉県の場合も入間県とよく似ているので、継続して読み取ることが可能である。長野県のそれは和田英が『富岡日記』で書いているところであるが、それとの比較においても、長野県がどうであったか、士族がどのようなかたちで応募したかもよく分かる。

【注】

(1)「富岡模範製糸場」(其二)、「藍香翁」『富岡製糸場誌(上)』富岡製糸場誌編さん委員会、富岡教育委員会、昭和五二年、一五九頁。
(2)加藤弘蔵「交易問答」『明治文化全集』第一二巻、経済篇、六〇頁。
(3)前掲、『富岡製糸場誌(上)』一五九頁。
(4)前掲、『明治文化全集』六〇頁。
(5)前掲、「嫁騒動」『富岡製糸場誌(上)』三二四頁。
(6)同前、一五九頁。
(7)同前、「明治五年五月廿九日入間県ヨリ御達シ」三二一頁。
(8)同前、「達」三二一〜二頁。
(9)同前、「萩女富岡製糸場へ行く」三二五頁。
(10)同前、三二五頁。
(11)同前、「富岡製糸場へ伝習女子派遣について」三三〇頁。
(12)同前、「御届」三三一〜三頁。
(13)同前、「器機製糸の先駆」一〇六八頁。
(14)同前、「工女の思い出」(ききがき)、座談会、一一三頁。
(15)同前、「工女の派遣」(出石藩)八二〇頁。
(16)同前、和田英『富岡日記』八五四頁。

(17) 前掲、『富岡製糸場誌（上）』八五四頁。
(18) 前掲、八五五頁。
(19) 前掲、八五四頁。
(20) 前掲、「富岡製糸場へ伝習工女派遣について」二三一九頁。

第七章　工女の労働条件

一　寄宿規則

再び山口県萩の国司チカに登場してもらおう。『上州富岡行日記』は前記したとおりであるが、国司チカはその時の様子を実にリアルに記しているので紹介しておこう。東京で初めて汽車に乗った旨が述べられ、東京から富岡までは四〇輌の人力車で途中二泊（本庄、上尾）で三日目に着いたとある。「若い娘達を乗せた人力車が四拾輌も続いて通りますので国道筋の人々は皆外に出て来て私達の一行を珍しげに見ていました(1)」（以下引用は同じ）。山口県が旅費は県費にするということについてはすでに触れたとおりである。それにしたも人力車四〇輌仕立てとは実に壮観である。工女がいかに大事にされたかこの一件で察しがつこうというものである。

チカは続けて、「富岡製糸場は三百釜の器械製糸でありまして教師は仏蘭西人ブリウナと云ふ人で他に西洋婦人が、四、五人居ました。人々の話ではブリウナ先生の月給が八百円女の西洋人が月給五拾円、だといふことでありまして私達は製糸法を習いましたが一日一升五合から二升位の繭を繰糸するのが普通でありました。上手な人で一日四升の繭を繰糸していました」。この点、和田英が繰糸競争をして一日八升取りましたという件があるが、八升といえば上手な人の倍であるから、これがいかに多いかが分かろうというものである。

「私が富岡にいる侍従二位様（毛利正公、毛利天徳公）が二度視察にお出になりまして私共にお言葉がありました。

皇后陛下も一度行啓されました。その時私共一同に扇子を一個宛て賜りました。私は今もそれを家の宝として大事に保有しております」。

工女に対する山口県の力の入れようはすでに述べたが、皇后陛下が激励に来たとあっては工女がますますエリート意識を持ったとしても不思議ではあるまい。国司チカは初め月一円の給料であったが、後に一円五拾銭になっている。英が記しているように、これまでは一等工女にはなれなかったろう。しかしチカはその辺の所は触れていない。英のように繰糸競争はしなかったのであろう。三年の契約ができたが明治七年の夏仲間二人が死亡したり、国元で前原一誠の乱があるという噂が伝えられたりしたこともあって、チカは三年の契約を短縮して帰国している。チカの記述は一貫していないが当時の様子を知るには不自由しない。寄宿舎についても彼女は断片的に「製糸場には寄宿舎がありまして、一室六畳に三人から四人位一緒に居りました」、と述べている。

では、寄宿生活をしながら工女たちはどのような就業規則にしたがって糸を取っていたのであろうか。

『伝習生徒誓書』には五原則が記されている。まず勤務時間、就業期間、給料のこと、外出について、欠勤時における無給の件などについて触れている。これは工女の大原則を述べたものである(2)。つぎに『工女寄宿舎掲示』について触れておこう。一部は前著『近代群馬の思想群像』で触れておいたが、全般については記述していなかったので、ここで取り上げることにしよう。まず、冒頭「寄宿舎内へ掛り官員並ニ賄方ノ外男女共立入候儀一切不相成候事(3)」と大原則を示している。女の城であるからこうした原則を示しておかないと秩序が保てなかったのであろう。このあと、『工女寄宿所規則』が続いている。

工女日々事業ノ儀ハ繰糸所掲示規則ノ通可相守事

外国婦人ノ儀ハ製糸伝習ノ為メ御雇ニ相成候儀ニ付銘々師弟ノ相心得諸事差図ニ随ヒ本業可致精励事

雇入工女本日ヨリ一ケ年以上三ケ年迄望次第差免候事

但期限中無拠訳合有之暇相願度者ハ身元並ニ郵役人証印事情巨細相認申出候ヘハ詮議ノ上差免シ可申私事都合等ノ儀ニテハ一切不相成候事

工女二十人ヲ一組トシ組毎ニ部屋長一人ツヽ相定候事

但部屋長ハ一等工女ノ内ヨリ相選候事

一 銘々身元へ割符持参ノ者ハ取締役へ相届ケ許可ノ上対面可致尤モ応接所ニ限可申事
一 取締役正副ノ内朝夕見廻リ人員検査ノ節ハ部屋毎ニ銘々正座致シ部屋長ヨリ姓名可申立事期限中日曜日ノ外門外へ立出候儀一切不相成候事
　但日曜日遊歩等ニテ外出ノ砌壱人ハ不相成二人ヨリ以上勝手タルへキ事
一 外出ノ節ハ取締役へ相届ケ銘々名簿申受門侯へ相渡シ置入門ノ節受取々締役へ相届ケ可申候事
　但門限明六ツ時ヨリ暮六ツ時限リノ事
一 外出ノ節ハ不及申部屋内タリトモ動容周施総テ謹粛ニ致シ婦道ニ背戻ノ作業一切致ス間敷候事
　但戯言小謡高声其外肌脱等総テ非礼無之様心懸可事
一 身体ハ勿論衣服等可成丈清潔ニ可致事
　但衣服洗濯梳粧ハ日曜日タルへキ事
一 病気等ニテ出勤致シ兼候節ハ部屋長ヨリ取締役へ相届可申事
　但取締役病躰見届其趣可申出尤当病ハ承リ置可申事
一 寄宿舎内へ掛リ官員並ニ賄方ノ外男女共立入候儀一切不相成候事
一 医師按摩呉服小間物商人髪結人等公撰ノ上出差免シ可申尤医師按摩外婦人ニ限リ候事
　但出入ノ節ハ取締役へ相届可申事
一 自費外来願出候者都合ニ寄差免然ル上ハ総テ御雇工女同様御規則可相守尤門外ノ儀ハ制外タルへキ事
一 諸口鎖鑰ノ儀ハ取締役所へ預ケ置キ開閉ノ節ハ自身取扱可申候事

出火其外非常ノ節ハ取締役差図イタシ一纏ヒニ相成立退可申事
右ノ条々相定候条正副取締役ノ儀ハ日々繰糸所へ出頭イタシ工女一同ノ勤惰ヲ視察シ休日ハ不及申時々部屋見廻リ一切取締向ニ心ヲ尽シ部屋長及ヒ工女共規則ノ条々堅ク相守候様説示シ若背戻致候者ハ直ニ督責シ掲載ノ条々践行為致候儀専務タルヘキ事
明治五年壬申十月(4)

寄宿所規則は全部で一五ケ条から成り立っている。どれ一つとっても当然のことであろう。工女の年齢が一五歳から三〇歳までとなっているが、先に述べたとおり、なかには一〇歳、一二歳程度の工女もいるので、預る側にしてみればずいぶん気をつかったにちがいない。大切な工女であるから、万が一身を崩しでもしたら、それこそ親に申しわけがない、という配慮がにじみ出ている。だから、外出についてはたいへん厳しく律している。身元へ割符を渡し、それによって面会を許すというのであるから大層力の入れようである。たとえ親族であっても割符を持参しなければ面会かなわぬというのであるから、婦女子を預かるという側面が全面的に出ているように思われる。さらに、外出の時は取締役へ届け名簿を門候へ渡し入門の際受け取るというのである。今考えてみると厳しすぎるきらいがあるかも知れないが、中学生、高校生程度の年齢の工女が大半であったから、特に外出には気をつかったのであろう。

この点はさらに厳しく行っているのが、寄宿内へは官員、賄内方男女の出入りを禁じている点である。若い工女の寄宿所へ一般の男性が自由に出入り可能となれば、秩序がとれなくなり、ときによって大問題に発展しかねない。嫁入り前の若き工女に気をつかっての規則である。さらに出入りの業者も医師、按摩の外は婦人に限るとの注釈がついている。工女の身を守ることが大事であるので、規則は厳しく律しておく必要があったからである。

この点後に秋山とくは、『富岡製糸場誌』「ききがき」(三)のなかで「製糸工場内の男女関係はたいへんきびしく、いつだったか私の所へ男の人が面会にきたので堂々と会ったところ、あとみんなからそのことをいわれて、うるさいことがありました[5]」と述懐している。さらに同じ「ききがき」(五)で、掛川光江もつぎのように語っている。「女の人が面会に来た場合にはあまりくわしく聞かないが、男の面会人が来た場合には父兄であってもその間柄をくわしく聴きました。面会室は講堂で十時休みに面会させますが、ふつう五分位ですませました。特に兄が面会に来た時には、時々舎監がそのようすをみにきた程です[6]」。

秋山とく、掛川光江も時代に下ってからの体験であるが、男性との面会がいかに厳しかったかは両人の発言で十分である。男女の間が今日からみれば異常と思えるほどの気のつかいようであるが、当時としては当然であったのかも知れない。とくに若い子女を預かっている方からみれば、万が一のことを考えれば事前に防止しておく必要があったからであろう。それにしても身内の男性が面会に来てもいろいろと監視されたのでは、窮屈であったろうが、例外を許したのでは秩序が保てないため、たとえば秋山とくが男の人と堂々と会ったところ、あとからみんなに言われて困ったと言っているが、これが本音であったのかも知れない。つまり、周囲の人たちも厳しい規則を暗黙のうちに承認し、既成の事実として集団監視体制のようなものができあがっていたとみていいであろう。

あるいは秋山とくの場合堂々と会ったと述べていることから、規則を無視するような振舞があったのかも知れないし、少なくとも他の工女にはそう見えたかも知れない。男女関係で身を崩すケースはよくある。そのことを考えればこれくらいの厳しさは、明治の初めにあっては、むしろ当然のことであったと考えた方が妥当であろう。

たしかに寄宿生活は厳しいものがあったに違いないが、規則は規則として、工女たちもうまい手口でこの厳しい規則を緩和していた。若い工女はお腹が空いた。いまその件りを「ききがき」によって再現してみよう。

戸塚　それから、はいっておもしろいと思ったのはおひきあわせというのがあってね。その時何か持っていくはずなんでしょうけど、知らないからみんな持っていかないでしょう。そうするといい手がありましてね。裏の方へ行ってバラぐねから通りの向こうの人に声をかけるんですよ。あの頃はカリントウとかあめ玉、それを買ってもらうんですよ。

田村　平さん菓子屋というがあったんですよ。そこでみんな買いましたね。

大川原　石井というね。

司会　今の片倉の北側の通りですか。

田村　そう、そこへ行くと大きな穴があって、そこからお金を出して注文すると持って来てくれたんです。

司会　工女さんは外へ出られないけど、お店の人が持って来てくれたんですね。

戸塚　それから、おりえさんというおばさんが中に出入りしていましたね。

高橋　ええ、海津のおりえさんという人がね。門の前の人ですね。

戸塚　何かたのむと全部帳面につけて行ってくれてね。それから中に売店がありましたね。一週間に何回とかね。だからどうにか食べ物は間にあったのではないですか。(7)

別の「座談会」においても同じような件《くだり》がある。土屋よし、新井よし両人からの談話であるが、寄宿舎と北通りの交信についてつぎのように述べている。「菓子などは駄菓子で、北側に駄菓子屋があって、バラ垣の間から手を出して買ったものだ(8)」。

厳しい規則ゆえにこうした抜け道が許されていたであろう。当時はブロック塀やコンクリートの壁ではなかった。生垣であったので、そのすき間からこうした例外が認められていた。若い工女たちであったからお腹が空いたのであろう。たとえば、安沢と志子は座談会のなかで、「時期によっては夜食にサツマイモが出たこともあるが腹が減るのでどうしようもなく、工場の裏の店でお菓子を買って食べることもした。大きい人に『買ってきておくれ』といわれ子どもだからいい気になって買って来ながら監督にみつけられ『コラッ』と叱られ、買ったお菓子をみんな落して逃げて来た記憶がある」と実にリアルに語っている。筆者も富岡高校へ自転車で通っていた折、時々富岡製糸場の裏手を通ったことがあるが、当時はたしかに茨の生垣が残っていたように思う。その生垣の空間から駄菓子屋へ抜けるいわば獣道があったのを覚えている。駄菓子屋のおばさんと若い工女のコミュニケーションが、厳しい規則をぬって秘かにかわされたかと思うと、工女物語のなかで一服の清涼剤ではないか。厳しいなかにもこうした抜け道を厳重に取り締まらなかったところをみると、駄菓子程度の買い物は案外大目に見られていたかも知れない。工女の息抜きとして、あるいは目に見えない潤滑油としての役割をもっていたと考えていいだろう。

二　大渡製糸場規則

就業規則を別な企業によって見ておこう。明治一二年に創立した勝山宗三郎を所有主とする大渡製糸所の就業規則である。大渡製糸場の沿革は明治三年まで遡るので富岡製糸場よりも古いことになる。前橋藩が勢多郡岩神村に水車をもって工女一二人で始めたのがその起こりである。明治五年の廃藩置県の際群馬県へ引き継がれ、県は東京の小野善右衛門に払い下げ、明治七年小野組の破産によって、前橋の勝山宗三郎が所有することになり、工女四〇人程度の規模の製糸場が大渡製糸場である。

勝山宗三郎については「実着ノ商法ヲ主トスルヲ以、製糸ノ精良ニ深ク注意、繭ノ売買ニ量衡ヲ正シク取引ヲナス、故ニ同人ノ商標マーク柄ノ名、海外商人モ悉モ不偽優等ナルノ信用ヲ得」て、富岡・新町の御用も承っていると記され、大渡製糸場が秀れた社主であると述べている。

ではこの秀れた大渡製糸所製糸工女規程はどうなっているか、一瞥することにしよう。第一章総則、第二章入場心得及試験法、第三章賞罰及び禁許から成り立っている。

第一章　総　則

第一条　製糸工場ヲ分ツテ甲・乙二種トス
甲種工女ハ他ノ製糸所ニ於テ修業シ来リ、入場試験ニ於テ四等以上ノ検点ヲ得ルモノ
乙種工女ハ従来本業ヲ修メズ新ニ就業スルモノ、及ビ他所ニ於テ就業セシモ入場試験ニ於テ四等以上ノ検点ヲ得ザルモノ
第二条　甲・乙工女入場年齢ハ満十二年以上二十年未満ニ止メ、左ノ年期中差支ナキモノニ限ル、若シ年齢二十年以上ト雖モ甲種工女ニシテ志望スルモノハ、此年期入場ヲ許ス事アルベシ
但シ縁談又ハ病気ノ為事実不得止ト認ルモノハ、期限中ト雖ドモ退場ヲ許ス事アルベシ、此場合ニ於テハ父兄親戚ノ証明書又ハ医師診断書ヲ要スベシ
第七条　二等工女以上ニシテ品行方正ナルモノヨリ、正・副二名ノ工女教授兼取締ヲ特選スルモノトス
第九条　工女取締ハ工女総員ノ取締ヲナシ、組長ハ取締ヲ補佐シテ一部分ノ世話ヲナシ、就業中ハ勿論休業時間ト雖モ不都合ナキ様懇到周旋スルノ責アルモノトス
第十条　工女ハ総テ取締及ビ組長ノ指揮ヲ得テ業務ニ従事シ、決シテ気随ノ挙動ヲナス可ラザルモノトス
第十二条　就業中病ニ罹ルトキハ相当ノ手当ヲナスベシト雖ドモ、若シ大患ナリト認メルトキハ親戚又ハ引受人ニ引渡スモノトス

但シ伝染病ニ罹ルモノハ制規ニ従ヒ臨機ノ取扱ヲナスベシ、此場合ニ於テ医ヲ招聘スルトキハ診察料・薬価・車賃等総テ自弁タルベシ(9)

第一章総則を抜き書きしたが、富岡製糸場が工女に技術を習得させることが目的であったのに対し、大渡製糸の場合伝習工女を使って経営をしなければならないため、甲、乙の区別を設けている。甲はすでに技術をもっているもの、乙は「新ニ就業スルモノ」で四等以下の工女である。企業経営という視点に立てば、修業した工女の方が成績が上がろうから待遇を上におくのは当然のことであろう。大渡製糸場では一等から六等まで、さらに等外の枠を設けてそれぞれ賃銀に格差をつけている。英ではないが糸取り競争によって一等工女になった喜びを吐いているが、一等と等外では無銭から四銭五厘の差をつけている。

つぎに工女の年齢であるが一二歳から二〇歳未満とある。一二歳といえば小学校六年から中学校一年程度である。富岡製糸場が一五歳から三〇歳までと幅が広かったのに対しこちらは年齢制限の幅がきつい。結婚年齢が早かった当時、働き盛りとしては二〇歳未満が嫁入り前の労働力として一番効率的であったのであろう。年齢には註釈がついている。満一二歳から一四歳未満の場合五ケ年の勤務、満一四歳から一六歳未満は四カ年、一六歳から二〇歳未満までは三カ年とある。原則は満一二歳から二〇歳未満であるが、例外を認めている。二〇歳以上でも甲種の場合は許可するとある。大渡製糸場は明治一二年の創業であるから、たとえば富岡製糸場で伝習してきた工女も入社の対象となろう。甲種の工女への道は二〇歳を過ぎても認めておく必要があることは当然であった。年期の期限も原則は五年、四年、三年となっているが、縁談や病気の時はこの限りではない、と弾力性を持たせている。

だが、ここで注目すべきは富岡製糸場の創業時代と違って、工女の資格、年齢に大きな変化が出てきていることである。富岡製糸場が官営工場でしかも伝習を目的としていることを考えれば、大渡製糸工と比べて比較的ゆるやかになっているものの、わずか六、七年の間に民間で企業サイドに立った製糸業が展開されていることは大きな変化と考えていいのではなかろうか。

第十二条に病気になった時の取り決めがある。この場合、医療費、車賃が総て自費というのは、今から考えると工女というよりは女工的な影を垣間見る思いがする。糸取りのために働いて病気になったとすれば、当然会社が面倒をみてもよいはずであるが、自弁というのであるから、働いてもなお足りないほどの費用になってしまう場合もあろう。保険制度が整備されていない当時としてはやむをえないにしても、働いている間に病気に罹っているのだから会社が医療費を負担してもと思われるが、それだけの余裕がなかったのである。そういう意味で、安心して働ける環境ではなかったし、資本蓄積が不十分であった当時、それを要求するのは十分に医療制度が発達していなかったのだからやむをえなかったかも知れない。

これを富岡製糸場によってみておこう。官営富岡製糸場は明治二六年三井へ払い下げられ三井銀行の所有となるが、明治三三年の記録によると工女の病気については、以下のような処置がなされている。いまその旨を「寄宿及寄宿工女補助」に見てみよう。「疾病者ノ為メニハ病院ヲ置キ、嘱托医師弐名毎日隔番ニ来診シ、軽症ハ居室ニ於テ休養セシムルモ、梢々重キ者ハ総テ是ヲ病院ニ移シ、看護婦ノ世話ヲ受ケシム、薬餌ノ料トシテハ薬価ノ三分ノ二ヲ各自徴シ、其残額及医士ノ報酬其他諸費用ハ悉皆当所ニ負担シ、重症者ニハ特ニ牛乳・葡萄酒等ノ適当ナル滋養物ヲ供スル事アリ」(10)（以下引用は同じ）。

　では、三井の経営時代、明治三二年当時工女の疾病の実態はどうであったか。

> 病者ハ幸ニ多カラズ、現今一日平均八名位、死去者ニ至テハ年中ヲ通ジテ絶無ノ事多シ、病性ハ普通風邪・眼疾・胃病等ニシテ稀ニ呼吸器病・脳病等ニ罹ルモノアレドモ、這ハ遺伝性ノモノニシテ、当所ニ在ルガ為メニ発病シタルニアラズ、如此ハ其未ダ重体ニ陥ラザルニ先チ国元ヘ返還シテ療養ヲ加エシムルヲ常トス、……本年度ノ如キハ重症者十数名アリ、所内ニ於テノ療養到底覚束ナキヲ見テ、遂ニ信州軽井沢ニ送リ転地治療ヲナサシメシニ、暫時ニシテ全治帰所シタルモ是ガ為参百余円ノ多額ヲ費セリ

　三井時代の富岡製糸場の方がやはり工女に対して気をつかっていたことが分かる。明治一二年の大渡製糸場ではとても三井と同じことをやるのは無理であったろう。三井時代の富岡製糸場が重病の患者に牛乳やブドウ酒を飲ます旨が記されているが、当時牛乳やブドウ酒がいかに貴重品であったかを窺わせるエピソードとして面白い。特にブドウ酒は工女募集の折、生き血を飲まされるということで悪宣伝に利用された。しかしこれが、栄養剤代わりに使われているわけであるから、工女たちはやはり時代の移り変わりを感じないわけにはいかなかった。生き血と誤解されたそのブドウ

酒を飲むことになろうとはどの工女が予想したであろうか。

治療のため「参百余円ノ多額ヲ費セリ」とある。「其最モ克ク得ルモノハ一ケ月ノ賃銀拾五円ニ達スルアリ」とあるので、三〇〇円の多額は最高給取り工女の二〇ケ月余ということになろうか。重症者十数名とあるので、十数名で三〇〇円であれば一人三〇円であるから最高給取り工女の二ケ月分ということになる。最高給取り工女の二〇ケ月の給料でありたしかに多額だが、天下の三井に「参百円余リ多額ヲ費セリ」といわせるほど多額なのか。

大渡製糸場と三井時代の富岡製糸場の比較で工女の待遇をみたが、明治一二年創業の大渡製糸場としては病気になった時、治療代を自弁するのはやむをえなかったのかも知れない。だが、後で述べるように、そうは言ってもここには女工哀史のような悲惨な姿はない。三井時代の富岡工女もそうした面はまだ持ち合わせていないと見た方が当たっていよう。「一朝不幸ニシテ死亡者ヲ出スガ如キアル時ハ、葬儀方万端当所ニ於テ是ヲ営ミ、町内ノ寺院墓地ニ埋葬シ、遺髪ヲ故国父兄ニ送附スルヲ例トセリ」。これを表面的にみれば、女工哀史的側面も見受けられなくもないが、「一朝不幸ニシテ」という註釈をみると、会社側も相当気をつかったと考えてよい。明治三〇年代に入ると労働争議も散見され始めるので、「町内ノ寺院墓地ニ埋葬シ、遺髪ヲ故国父兄ニ送附スルヲ例トセリ」が気になる。いかにも事務的である。だが、まだ大渡製糸場、官営の富岡製糸場時代には、「座談会」や「ききがき」を見る限り暗い面は感じられない。

三　入場心得

つぎに第二章入場心得及試験法に移ろう。

第二章　入場心得及試験法

第十四条　入場工女ハ総テ一週間ノ試験ヲ遂ゲ、種類ヲ区別シ雇入ノ契約ヲナシ、一ケ月ノ中試験ヲ以テ仮等級ヲ定メ、大試験ニ於テ本等級ヲ定ムルモノトス

但シ一週間ノ入場試験ニ於テ不適当ト認ルモノハ謝絶スル事アルベシ

第十五条　技術・試験ハ大・中・小ノ三段階ニ区別シ、毎日行フモノヲ小試験トシ、毎月行フモノヲ中試験トシ、毎年三月九月ノ二期ニ行フモノヲ大試験トス

第十六条　甲種工女ハ中試験・上其等級ニ応ジ、第三条ノ通リ給料ヲ指揮スベシト雖ドモ、乙種工女ハ入場一ケ月ハ無給・二ケ月目ニ至リ一ケ月金拾銭・三ケ月仝金弐拾五銭・五ケ月仝金七拾五銭・六ケ月仝金壱円ノ割ヲ以テ手当ヲ給シ、七ケ月目ニ至リ試験ノ上等級ヲ定メ、甲種工女ノ次等級ヲ附与スルモノトス

但シ入場後六ケ月未満ノ乙種工女ニシテ食費ニ差支ルトキハ、時宜ニヨリ該費ヲ貸与スル事アルベシ、又乙種工女ト雖ドモ抜群速成ノ功アリ、又品行端正他ノ模範トモナルベキモノハ、

特別ニ甲種工女ノ取扱ヲナス事アルベシ(11)

以上が入場心得及試験方法であるが、創立当時大渡製糸場は一等工女一六人、二等工女二一人、三等工女一四人の合計五一人であった。規模のわりにはずいぶん細やかな入場心得であり試験方法である。試験科目は光沢良否、渡繭ノ多少、テトロノ均否、糸量ノ多少、壱舛糸量ノ多少、類節ノ多少、切断ノ多少、勤惰に分かれそれぞれ八〇点以上から三〇点未満の七段階に分かれている。まず一週間の試験をし、雇用契約を結び、一カ月の試験をもって仮等級を定め、三月と九月の大試験によって本等級を定めるというのであるから、ずいぶん厳しいものである。一カ月の合計点が二四〇〇点以上のものが一等、二一〇〇点以上が二等、一八〇〇点以上が三等、一五〇〇点以上が四等、一二〇〇点以上が五等、九〇〇点以上が六等、九〇〇点未満等外の七段階に分かれている。等級によって月給が異なるわけだから、受ける方は真剣であろう。七階級はさらに細かく「技術ノ巧拙ニヨリ」二八種類もの賃金形態に分かれている。

これを見て筆者はつぎの点を考えた。実際これが本音であったのかどうか、というのは、ただ西洋風を日本風にして直輸入したにすぎない、という疑問である。富岡製糸場の場合伝習機関であった時代は、事細かな規則はない。工女に対する責任感から厳しく律したものの、これほどの等級はない。だが、大渡製糸場の場合企業戦争に勝ち抜いていかなければならず、こうした厳しい等級を設けたのではなかろうか。つまり、実態はこのとおり細分化した等級で区分されていたのだろうか、と思われる。

四　賞罰および禁許

第三章　賞罰則及禁許

第二十条　寄宿工女ハ父兄へ附属セシムルノ外、夜中一切外出ヲ禁ズルモノトス
但シ自宅へ宿泊ノ為帰省スルモノへハ、退場時間ヲ記シタル証書ヲ与へ、父兄若クハ承認カへ点検セシメ、又帰場スル時モ同様父兄或ハ承認ノ証書ヲ持参セシムルモノトス

第二十二条　寄宿工女用事アリテ外出スルトキハ、休暇日ト雖ドモ必ズ日没ヲ限リ帰場スルモノトス、若シ点燈後ニ於テ帰場スルトキハ、科料トシテ金五銭以上壱円以内ヲ出サシメ、尚甚シキ不行跡アルトキハ規定二十三条ニ照シ、違約金ヲ出サシメ解雇スルモノトス

第二十三条　定規契約ニ違背シ半途退場スルトキハ、左ノ違約償金ヲ出サシムルトモノトス
但第二条ノ但書ニ準ズルモノハ此限ニアラズ

甲種工女一年未満生ニシテ違約スルモノ　金四円
仝　一年以上二年未満ニシテ仝上　金三円
仝　二年以上三年未満ニシテ仝上　金二円
仝　三年以上ニシテ仝上　金壱円

乙種工女ハ

表3　乙種工女の賃銀

入場年度	満十二年以上十四年未満生	満十四年以上十六年未満生	満十六年以上二十年未満生
一年未満	金五円	金四円	金三円
二年未満	金四円	金三円	金弐円
三年未満	金三円	金弐円	金壱円
四年未満	金弐円	金壱円	
五年未満	金壱円		

第二十四条　朋輩ノ好ミト唱ヘ物品ヲ売買シ、或ハ金銭等ノ貸借ヲナス可カラズ(12)

大渡製糸場の規則は富岡製糸場のそれよりも厳しい。夜中は一切外出禁止とし、自宅へ帰る時も厳しいチェックを忘れてはいない。夜中に外出することが若い工女にとってどれほど危険であるか、また預る者にとってどれほど心配であるかがよく出ている。自宅へ帰ると言って約束を守らないため、もし万が一の事があったらこれも会社の重大な責任となろうから、これも厳しくチェックされたのであろう。

さらに、外出を許されても必ず日没までには帰って来ることを強要している。若い工女が日が暮れても帰らぬとあらばどれほど心配であるか、若い娘を持つ者ならば今も昔も変わらないのではなかろうか。日が暮れても帰らない者への罰金制度を設けているが、これは裏を返せば大事な工女を預かる者として当然であるのかも知れない。甲種と乙種と罰金に差をつけているところが気になる。甲種の方を大目に見たわけであるが、罰金には甲種も乙種もないはずである。だが、差をつけているところがいかにも罰金らしい。最も重い罰金は五円である。五円は一等工女の最高給の賃金の一〇日分に相当するからかなりの額である。第十一条に給料の前借は認めないが、病気やその他やむをえない事情がある輩に限って二円の貸与を許すとあるのをみても分かるとおり、五円がいかに大金であるかは一目瞭然である。

明治二〇年そば一杯の値段が一銭であった。そば一杯が一銭のとき五円は大きい。単純に物価は比較できないが、かりに今日そばが一杯五〇〇円であるとすれば、そばの値段は明治二〇年の五万倍ということになるから、罰金五円は二五万円に相当する。これは相当きつい。それなりに大渡製糸場が工女の行動にいかに厳しい態度で臨んでいたかが分かる。このことは反面相当厳しく律しないと規則が守られなかったからなのかも知れない。最後に大渡製糸工場規定は、「入場ノ上ハ御規則堅ク可相守ハ勿論、真実ニ勉励可致候、万一違約其他不都合相生ジ候節ハ、承認ニ於テ引請聊御迷惑相懸ケ申間敷候」(13)、と念を押している。

勢多郡黒保根村水沼に星野長太郎が明治六年に創業した水沼製糸場の工女寄宿所心得の第五条に、「休日ノ外猥リニ門外ニ出ルヲ禁ズ」という項目がある。ただし、やむをえない事情によって外出せざるをえなくなった時は、「門限ハ太陽出入ノ時ヲ定則トシテ昼夜トモ独行ヲ禁ズ」とある。さらに第九条には寄宿所内へは「掛役員・賄方・医師・按摩ノ外男女トモ立入不相成事」とあり、但し書きがつき「髪結小間物・商人等女ニ限リ、取締役エ申立談義ノ上臨時出入ヲ許サヾルニ非ズ」(14)とある。水沼製糸場の場合、富岡製糸場とほとんど同じ内容になっている。総じていえることは、若い工女を預っているという責任感ゆえの厳しさであったと考えていいだろう。

富岡製糸場や水沼製糸場の規則は厳しさはあっても穏やかである点が文面から伝わってくる。「座談会」や「ききがき」にもあるとおり、この厳しさは工女にとってさほど苦痛であるとは思われていないようだ。むしろ厳しい規則をぬって、厳しいながらも駄菓子買いにまつわるエピソードなどを垣間見るとき、むしろ楽しんでいるように見えなくもない。だが、大渡製糸場ではどうであろうか。明治も下って一〇年代になるに及んで、民間企業ということも手伝ってか、かなり厳しい規則の他に罰則、罰金まで設けている。罰金を科するとなると厳しい規則の裏をかいて楽しむということにはなるまい。

五　就業時間

では、工女たちはどの程度働いたのであろうか。富岡製糸場においても年代や時期によって、労働条件、労働時間が異なっているが、『富岡製糸場　全』によれば、「工女ハ払暁ニ食シ蒸気鳴管ヲ待ツテ場ニ登リ朝七時ニ就キ九時ニ半字(ママ)間休ヒ十二時ニ食シ一時間休ヒ四時半皈宿ス大約日出ヨリ日没半時前ヲ度トスルナリ[15]」、と記されている。この規定どおりに作業をしたとすれば、八時間労働ということになり、現在とはほとんど変わらない。一三〇年近く前の労働時間としては短い方であろう。三井時代、「就業時間は日出より日没迄にして午前八時五十分正午に四十分の休暇を与ふ之れ食事なり」、「一ケ年の休暇は毎日曜日の外暑寒に各六日なり」と記されてあるが、それでは実際日の出より日没とはどの程度であったのかを現場から報告してもらおう。
「工場の思い出」「ききがき」から工女の生の声を再現してみよう。

司会　寄宿舎にとまっている人は、朝起きるのはだいたい何時ですか。夏と冬とでは違っていたのでしょう。
戸塚　違わないです。一年中同じですよ。
大川原　「おこし」が四時ですね。五時には工場にいたわけです。
高橋　その間にふとんをたたんで、当番がお掃除をしてね。
小林　私の時は「おこし」が四時で「予備」が四時半で、「かかり」が五時でした。
司会　そうすると、四時に起きて五時から仕事を始めて、七時に朝ご飯ですね。それで朝飯は？
大川原　四十分間休みでした。
小林　うちの時は三十分間でした。
司会　前は三十分でそれが四十分休みになったのですね。そうすると七時四十分までですか。そしてまた作業開始ですか。
大川原　そうです。
高橋　そして十時に十分間休みがありました。便所に行く時間が。
小林　私の時にはなかったです。
司会　そうですか、それで飲み水などはどうしたのですか。

小林　私の時は糸を取る水を飲みました。
高橋　私達の時はビンに水をくんでおいてそれを飲みました。
司会　十時十分からお昼まで続いたわけですね。
高橋　ええ。お昼が三十分だったかな。
戸塚　そうです。
司会　お昼は十二時からでしょうね。そうすると十二時から十二時三十分ごろまで昼休みで、午後十二時三十分ごろから始めて、三時に十分間休み、あとはずっと七時までです。
司会　夜の七時まで？晩ご飯は何時ですか。少し休んでから晩ご飯でしょう。
田村　すぐそのまま食堂に行ってしまうのです。それで夕飯は三十分ぐらいで食べるんです。
高橋　そうですね。それであと風呂にはいって寝るっていうことなんです。
司会　七時三十分から何時まで自由だったんですか。
戸塚　九時までです。
司会　七時三十分から九時までが自由時間ですね。九時になればたいがい寝るのでしょうね。
高橋　寝ます。寝ないと次の日困るんでね。
戸塚　自由時間にはお裁縫とかお花を教えましたね。
司会　その他仕事について何かありますか。
高橋　時間は厳しかったですね。朝の「かかり」の時など、五分間ぐらいは待っててくれたけど、五分以上遅れると代りがはいってしまいますからね。もう行っても無駄になってしまいますか

ら休ませてもらう。またほかの機械にはいる分でも遅れれば駄目でしたね。(16)

「座談会」に出席した小林、高橋、大川原、田村、戸塚の五人は戸塚を除いて明治の後半の生まれであるので、大正年間の初めに富岡製糸場で働いた人たちである。小林は明治三一年の生まれであるから、一二歳で糸取りに出たと述べているので明治四三年頃から勤めたことになる。他の人たちは小林より少しおくれてやってきたことになるが、就業時間は日の出より日没まで実にリアルに描いている。朝四時に起き五時に糸取りに出て二時間働き、七時に朝食、休み時間は、三〇～四〇分。一〇時まで糸を取って一〇分間の休みの後一二時まで働く。午前中に六時間余糸を取る。昼休みが三〇分、一二時半から三時まで働き、三時に一〇分休み、その後は七時まで糸取りに精を出す。午後は六時間二〇分の労働時間ということになる。合計一二時間三〇分が一日の糸取りである。大旨午前午後六時間程度ということになろうから、相当ハードなスケジュールと考えてよかろう。官営時代の八時間労働よりも四時間以上も長い。

別の証言を聞いてみよう。明治三五年生まれの安沢と志子はつぎのように述べている。「工場の中では、朝四時に起きて、五時には仕事場に入り、七時に朝食、時間は三〇～四〇分くらい、直ちに仕事にかかり、一二時に昼食、午後の三時休みは少しで、六時に夕食三〇分から四〇分して仕事にかかり、八時まで作業をやった。時期によっては夜食にサツマイモが出たこともあるが腹が減るのでどうしようもなく、工場の裏のお店でお菓子を買って食べることもした」。

明治四一年生まれの有井よねは、「一日の仕事は、朝五時におこしがなりますと仕事をはじめます。その前にカマヤが三時に起きて仕事をはじめ、煮繭場は三時半に起きて準備をはじめます。そして糸とりは七時半の朝食まで朝残業します。朝食後は十二時の昼飯まで休みがなかったように覚えています。昼休みは三十分で、三時休みが十分あり、五時まで仕事を続けます。夜は九時に消灯ですが、その十分前に電気が二回パチパチと消えて消灯合図があります」(17)(以下引用は同じ)、と述懐している。

工女の「座談会」、「ききがき」を中心に労働時間を一瞥したが、大体同じような長さである。過去の遠い記憶を頼っての発言であるので細部にわたってどこまで覚えていたかは別として、四時起床五時糸取りのスタイルは変わらぬようである。いずれにしても五時から七時まで二時間糸を取ることは基本のようである。この仕事は通常、朝飯前の仕事といわれ、筆者も夏や冬の朝飯前の仕事によくかり出されたものである。たとえば夏は「朝草かり」があり、朝飯前の牛馬用の草を苅ってくる。秋から冬にかけては同様に里山へ出かけ「くずかき」をやってから朝食ということになる。農家ではやはり日の出とともに起き一仕事してから朝食というのが一般的なスタイルであった。大正一五年生まれの掛川光江は「ききがき」のなかで、「一日の仕事は朝五時から朝食までの『食べ口前』の仕事をして七時半が朝食でした」と語っているが、朝飯前の仕事が「食べ口前」の仕事である。

朝飯前の仕事を二時間こなし、七時から三〇～四〇分間食事、休息をとり一〇時まで二時間半精を出す。今日でも大旨一〇時休みがあるので昔のスタイルは変わっていない。一〇時に一〇分程度休み一二時まで約二時間、午前中に六時間余りの労働だから、現在の標準に合わせるとかなりハードである。午後は一二時半から三時、三時に一〇分程度休み、最も長い時で七時、先の掛川光江は「三時休みが十分で五時半頃仕事を終え、すぐ食堂へ行って夕食になりました」と述べているが、この頃になると五時半頃終了したのであろう。座談会のなかで高橋よしが七時までと述べているが、これに比べ掛川光江の場合一時間半も短縮されている。掛川光江の場合一〇時間程度であるから、夕食後かなりの自由時間があった。「六時から九時までが自由時間で、風呂に入ったり、洗濯をしたり、希望者は講堂（ブルューナ館）で裁縫を習ったりしました」。

労働時間が長いのは「食べ口前」の二時間と夕食前の二時間が加えられているからである。この四時間がなくなれば八時間労働になろうから現在とたいして変わらないことになる。官営富岡製糸場の操業時には、おそらく八時間程度であったのが、民間に払い下げられ長くなったと考えてよい。その後夕食前の労働が省略され一〇時間程度になったと考えられる。

明治六年七月勧業寮の通達は、伝習生を対象としているが、午前二時間半、午後二時間半の五時間労働となっている。午前中は九時半より一二時まで、午後は一時半より四時まで五時間となっているが、これは伝習生を対象としているため論外である。とすると富岡製糸場が創業した当時は七時から九時までの二時間、九時半から一二時まで二時間半、午前中に四時間半働き、午後は一時から四時半まで三時間半の労働だから、前にも述べたとおり八時間労働ということになる。これが官営時代の労働時間と考えてよいだろう。そういう意味では、後に長時間労働が問題となるが、この時期の富岡製糸場の女工哀史的な姿はなかったとみた方が当を得ていよう。

六　長時間労働

では、他の製糸場はどうであったか。大渡製糸場の「製糸工女規程」第五条にはつぎのようにある。

第五条　就業時間を定むる、左の如し

(三月四月五月)	午前五時始業	午後六時終業
(六月七月八月)	午前四時三十分始業	午後七時終業
(九月十月十一月)	午前五時始業	午後五時終業
(十二月一月二月)	午前五時三十分始業	午後五時終業

但シ時機ニヨリ多少之ヲ伸縮シ亦食時休業ハ三十分ト定メ、寒暑中及ビ長日ハ十分ヨリ三十分ノ間ヲ以テ休息セシムルモノトス

第六条　休日ハ毎月一日・十日・二十一日ノ三日及ビ大祭日、並ニ十二月二十八日ヨリ翌年一月六日マデト定ムルモノトハ

但シ事業部都合ニヨリ休暇日ヲ繰替ル事アルベシ(18)

大渡製糸場の場合四季に分けて労働時間を調節している。富岡製糸場と違って、全て通しとなっている。それゆえ、工女は通勤圏に限られるが、夏時間と冬時間ではかなりの差があるので、四季に分けて労働時間を調達している点、かなり進歩的とみていいであろう。三、四、五月は午前五時から午後の六時までだから、労働時間が一二時間を超えることはあるまい。但書に休息がうたわれているので、いまそれにそって労働時間を計算してみると三、四、五月の間は、つぎのようになろう。おそらく五時から七時まで二時間働き朝食をとるので三〇分は休息、七時半から一〇時まで、その後一〇分程度休み一二時まで働けば午前中に六時間余ということになる。午後は一二時半から三時まで二時間半、三時に一〇分休みをとり六時まで働けば二時間五〇分ということになり、午後の労働時間は合計六時間余となり、一日の労働時間は一二時間を超えることになる。六、七、八月は始まりが三〇分終わりが一時間加算されるから、午後の休息を考慮に入れて一二時間はゆうに超え、九、一〇、一一は始業が午前五時、終業が午後五時だから一一時間余ということになろう。一二、一、二月は最も短く、始業が五時半、終業が五時であるので、一一時前後ということになる。大渡製糸場の規則には休息時間がどの時点でどのくらいということが明記されていないので、四季それぞれの労働時間が実働何時間かの測定ができないが、年間平均すれば一二時間程度ということになるであろう。官営時代の富岡製糸場から比べればやはり三〜四時間は長かったのではないか。

水沼製糸場も製糸所規則のなかで、「総テ役員及ビ工女ハ、毎日時間三拾分未明ニ本所ニ入、旭日ト与ニ各業ニ従事シ、遅参・速退スベカラズ」と勤務時間を述べ、「朝食第七時ヨリ八時ニ至ル・昼食　第十二時ヨリ一時ニ至ル　晩食七時ヨリ八時ニ至ル」[19]とあったので、朝五時から七時まで勤務し、一時間の食事時間の後八時から一〇時、一〇分の休みのあと一二時まで働けば、午前中六時間弱、午後は一時より三時まで二時間、一〇分休みの後五時まで約二時間、一〇分の休みののち七時まで約二時間、午後の労働時間は六時間弱となろうから、一日の労働時間は一二時間程度ということになろうか。

三井時代の富岡製糸場の「就業時間及休日」にはつぎのようにある。

冬ハ短ク夏ハ長キ事年中ノ長短ニ随ヒ時々変更ス、最モ長キハ六月中旬ニシテ十二時五十五分間、短キハ十二月中旬ニシテ九時五十五分ナリ、昨今五時五十五分ニ始マリ、夕四時五十五分ニ終ル、昼食時間四十分ヲ与フルヲ以テ、実際就業時間ハ十時二十五分ニシテ各工場総テ是ニ随フ休日ハ月三回毎一ノ日ヲ以テス、外ニ紀元節、天長節ニ休業シ、年末ヨリ年始ニ亘リ一週間、夏期工場内大掃除ノ為ノ三日間休業ス(20)

就業時間にいくつかのケースを一瞥してきたが、短くて八時間、長くて一二時間、その中間が一〇時間ということになろうか。官営よりも民間の方が労働時間が長いのはやむを得ない。三井時代の富岡製糸場は大旨一〇時間程度であるから、当時としてはそう長い方でもあるまい。最近でこそ労働時間短縮の動きが顕著になってきているが、資本蓄積の低い明治時代にあっては、労働生産性が低い。それゆえ、人的資本に頼らざるを得ないから、この程度の労働時間は妥当ではなかったろうか。

労働時間を別の側面から考えてみよう。明治の初期といえば、まだ徳川時代の延長のようなものであるから、労働に対する概念は慶安のお触書きに記されている労働時間が一般的であると考えても無理な推論ではあるまい。各製糸場の就業規則に盛られている日の出より日没が労働時間のおよその目安だった。たとえば、二宮尊徳が『三才報徳金毛録』で述べているように、八時間労働では惰ということが一般的であった。尊徳は「昼夜十二時、一歳を合せて四千三百二十時なり。……辰より午にいたり、未より酉にいたる、一歳の際にして千四百十時を勤め、二千八百十時を休とす。かくのごとき者は、三分三厘を勤め、六分七厘を休んで惰というべし(21)」と強調している。これが徳川時代の労働観と考えてよいだろう。明治の世となってもこうした労働観が消え去ったわけではなく、むしろ近代日本にあっては勤勉節約型が奨励された。一〇時間から一二時間はごく当り前の労働時間と考えてよいであろう。尊徳は農村型の労働観を説いたが、商業型の労働観を説く石田梅岩も同じように勤勉を説いた。農、商において勤勉節約型労働観が説かれたが、この労働観は近代日本に持ち越されたと考えていい。それどころか、工業力において西洋に追いつき追い越すことが国家的独立への道であった、尊徳型労働観に拍車がかかったのは無理もあるまい。それが証拠には二宮金次郎少年の銅像が校庭に建てられたのを見れば一目瞭然であろう。

たしかに若い工女にとって早朝の「おこし」はきつかったに違いない。一度や二度ならば早朝四時というのはそう苦にもなるまい。修学旅行にでも出掛ける早朝四時であれば胸をときめかせて起きることもできようが、毎日糸取りに精を出すということになると、言うほど簡単ではあるまい。だから、規則正しい生活をしなければすぐに体に出てしまう。そのことを工女たちは知っていて九時の消灯はよく守ったようである。いずれにしても四時に「おこし」から五時の「かかり」まで、とくに冬場はきつかったに違いない。

早朝五時から夕方七時までの一二時間労働によって、工女がどの程度不平をもっていたか、労働時間の長さについて、「座談会」、「ききがき」をみるかぎり、不平らしきものが述べられていないのは、労働時間そのものには不満はなかったのかも知れない。それより、前述したように、腹が減った、外出ができないなどの不平の方が大きかったことを考えると、たとえば先に尊徳の労働観にみられるように、当時の農民は八時間の睡眠時間、食事、小休止以外はほとんど働きづくめであったから、むしろ農作業の労働時間の方が長かったと考えていいであろう。朝は朝星、夜は夜星が一般の農民の姿であった。ほとんど人力に頼らなければならなかった当時、農民がどれほど長時間働かなければならなかったかを考えれば、一〇時間から一二時間程度の労働時間はそう難儀ではなかったかも知れない。おそらく、工女のほとんどは農家の子女が多かったであろうから、むしろ工女になった方が農作業より楽であったと考えられなくもない。たとえば長谷セキの「ききがき」にこういう件がある。

一日の仕事の日程は「おこし」がなると起きるのですが、時間は覚えていませんがなんでも外はまだ暗い時でした。起床してから、廊下をとおって鏡部屋へ行き頭を結います。それから顔を洗ってからご飯になります。

ご飯はわりまりじでおかわりができ、おかずもかなりのものでわりあいよかった。これは高山さんという人が賄長でよくしてくれたからだと思います。

七時から仕事をはじめて、冬などはずいぶん寒く感じました。十二時に「ポー」がなり、昼食になります。三十～四十分休み時間であまり長く休めなかったように思います。三時休みはあったかどうか覚えがありません。そして明るいうちは仕事をやめませんでした。夕食はとてもおいしかった。実家でまずいものをたべていたせいかも知れません。[22]

若い工女が富岡製糸場で長時間にもかかわらず不平もなく働くことができたのは、ある意味では当時の農村の貧困さゆえにであったかも知れない。一〇時間から一二時間の労働時間であったとしても、農家ではそれ以上働き、しかも長谷セキが述べているように職場は家では食べられないものを食べることができたから、不平が出ないのは当然なのかも知れない。

【注】

（1）富岡製糸場誌編纂委員会、富岡教育委員会『富岡製糸場誌（上）』昭和五二年。

（2）「富岡製糸場記　全」『富岡製糸場誌』。なお、この点については、山崎益吉「和田英と富岡日記」『近代群馬の思想群像』高崎経済大学産業研究所編、昭和六三年、を参照されたい。

（3）前掲、「工女寄宿所掲示」『富岡製糸場誌（上）』一五三頁。

（4）同前、「工女寄宿所規則」一五三～四頁。

（5）同前、「ききがき」一一八〇頁。

(6) 同前、一一八六頁。
(7) 同前、「座談会」一一四七頁。
(8) 同前、一一七一頁。
(9) 県史編纂委員会編『群馬県史』資料編、二三、近代現代、七、産業一、種類、養蚕、製糸、織物、「大渡製糸場製糸工女規程」二八二～三頁。群馬県、昭和六〇年。
(10) 同前、『富岡製糸場』。
(11) 同前、「大渡製糸場製糸工女規定」二八三～四頁。
(12) 同前、二八五～六頁。
(13) 同前、二八六頁。
(14) 同前、「水沼製糸場定款・規則ならびに寄宿所心得」『群馬県史』二三、三一三～四頁。
(15) 前掲、「富岡製糸場記　全」『富岡製糸場誌（上）』一四五頁。
(16) 同前、「座談会」。
(17) 同前、「ききがき」一一七四頁。
(18) 前掲、「大渡製糸場製糸工女規定」『群馬県史』二八二～三頁。
(19) 同前、「水沼製糸場定款・規則ならびに寄宿所心得」三一一頁。
(20) 同前、『富岡製糸場』二九九頁。
(21) 「三才報徳金毛録」第一巻『二宮尊徳全集』龍渓書舎、昭和六二年、二一一頁。
(22) 前掲、「ききがき」『富岡製糸場誌（上）』一一八一頁。

第八章　糸取り

一　デニール

製糸業にとっては糸取りが生命である。糸を取るにはやはり女子でなければうまくいくまい。ましてや機械で自動的に取るのではなく、当時としては工女が繭から機械にかけてやる作業はとても男工ではかなうまい。女性の繊細な技術が要求されたわけである。和田英が最初の頃切れた糸がなかなかつながらないで困った旨を述べているが、やはり絶妙な技術を必要としたのであろう。うまくいくようにと「一心不乱に大神宮様」に祈ったとあるから、糸取りはよほど神経を使う作業であったに違いない。

富岡製糸場の場合伝習生のための技術伝授であった。それゆえ、技術を身につけなければ故郷に錦を飾ることができないから、たとえば、時代は下るがうまく取れないで自殺するという悲惨なケースも出たほどである。あるいは修業途中で帰国するという例もまれではなかったようである。さらに、英も記しているように糸取り競争がある。一人一日どれほど取れるかであるが、最終的には八升取りを達成し見事一等工女に仲間入りする旨を実にリアルに語っているが、工女の本分はいかに切れずに夃数を上げるかが決めてとなろうから、ちょっとした加減が影響してくる。『富岡日記』で英が記した糸取り競争は伝習のためであったから、まだゆとりがあった。では、後に民間に払い下げられた当時の情況はどうであったか。その経緯を座談会、「ききがき」によって追ってみることにしよう。

その前に、「平均十四デニール以内ノ太サニシテ糸量十匁ニ付賃」という件がよく出てくるが、このデニールが給料に直接関わってくる。では、デニールとは何か。それは糸の太さをさす。一粒の繭が三デニール位というから、たとえば一四デニールは繭四〜五粒位になる。大渡製糸場の場合一二デニールから一五デニールまでの賃金表が掲げられてあるが、デニールが少ないほど賃金が高くなっている。糸の太さが細いほど糸取りには時間がかかる。一二デニールは繭四粒だが一五デニールだと五粒になる。当然一五デニールの方が糸数は増えるが、どちらの方が給料がよいかといえば一二デニールの方がよいわけである。つまり、一二デニールの方が生産量が少ないから、単価が高いわけである。それゆえ、どのデニールにするか工女の選択にかかっている。少なくとも大渡製糸場の場合一二デニールから一五デニールまで四段階に分かれていたから、この範囲内で選択すればよいことになる。太糸を得意とする工女は給料表との関係で全体の生産性を考えたうえで決めればいいし、細糸をじっくり取る工女は質で勝負すればいいことになろう。大渡製糸場の場合、前にも触れたが、デニールの段階はつぎのようになっている。

最後に無銭というランクがあるが、これは商品にならないというのであろう。この表を見ても分かるように、細い糸の方が価値がある。また細い方が糸は取りずらい。だから細い方が賃金もよい。一二デニールと一五デニールでは繭一粒の差であるから、効率の点からいえば一二デニールを取った方が給料の方はグンと上がる。和田英の場合八升取りと書いているが、一升の繭から約四〇匁取れるから、八升といえば三二〇匁という計算になろうが、平均して八升取れるわけはないから、舛数はもっと下がるであろう。民営時代の工女の話では四、五升が普通であったと述べられているので、五升とすれば二〇〇匁ということになろうか。給料については次節で触れるが、たとえば一二デニールの工女は五升とると二〇〇匁になり、給料は九〇銭になる。一ヵ月働けば二五日としても

表4　大渡製糸場の賃金表

工女等級	平均十二デニール以内ノ太サニシテ糸量十匁ニ付賃	平均十三デニール以内ニシテ同上	平均十四デニール以内ニシテ同上	平均十五デニール以内ニシテ同上
一等	金四銭五厘	金四銭	金三銭五厘	金三銭
二等	金四銭	金三銭五厘	金三銭	金弐銭五厘
三等	金三銭五厘	金三銭	金弐銭五厘	金弐銭
四等	金三銭	金弐銭五厘	金弐銭	金壱銭五厘
五等	金弐銭五厘	金弐銭	金壱銭五厘	金壱銭
六等	金弐銭	金壱銭五厘	金壱銭	金五厘
等外	金壱銭五厘	金壱銭	金五厘	金無銭

（出所）『群馬県史 23−近代現代−』7.

二〇円を超えようから大変高給取りということになる。これは最高給を想定したものであって、一二デニール、四銭五厘というのはそう取れないのであろう。最低の五厘で計算すると一日一〇銭であるから一ヵ月二円五〇銭ということになる。一銭ならば五円、三銭だと一五円ということになる。富岡製糸場の一等工女が一円七五銭であるから、おそらく大渡製糸場の場合そう高額な工女はいなかったとみていいだろう。ただ、富岡製糸場と比べてこの頃労働時間が長いため、高賃金になることは否めない。ただ、平均五升としたが、これが三升、二升になると半額になるから、大渡製糸場の賃金が高額と断定することはできない。だが、この賃金表によってデニール計算をするかぎり、当時の社会情勢から考えてずいぶん高給取りということになる。

英は六工社での練糸と機械取りの糸では格段の差があることも力説しているが、太糸は目方は出るが値段が安いから割に合わない。それゆえデニールの小さい方がよいわけであるが、こちらの方は熟練、技術を要しようから、そう目方が出ない。さらに生糸は光沢や均一性が重要視されようから、質の高い方を取ることが要求されてくる。だから、等級が複雑になる。それゆえ、等級によって賃金体系も異なるわけである。

時代を下って、片倉時代の富岡製糸場は三種類程度であったという。十四中、十八中、十一中の三種類で、あまり種類が多いと機械化に対応できないからであろう。だが機械化といっても、繭から機械に糸を付けてやる仕事は手仕事に頼らざるをえない。その場合何本受け持つかによって生産性が異なるので、その調整が問題となろう。養成明けの工女は四本取りから始まったというが四〇本取りもあったという。手前に二〇本その奥に二〇本、四〇本というと、これは神業に近いのではなかろうか。調子のよい時は問題は起こるまいが、続けざまに糸が切れたりまつわってしまう場合、おそらく工女にとってはパニックになるであろうから、数を多く増せば生産性が上がると限らない。そこで、手の届く範囲が最適となる。このへんの様子を工女に聞いてみよう。

司会　原から片倉にかわって機械はかわらなかったわけですか。

田村　機械はかわらなかったけれども、おしまいには二十本口というのができましたね。私なんかいるうちに、となりに二十本口になったのを見にいったことがあります。だからその頃四本口はおしまいになったのですね。

戸塚　あの頃はたいへんだったですね。……あの二十本口がうるさくてね。

田村　じゃ二十本口はとったんですね。

戸塚　ええ、二十本口は私たちが初めてなんです。

司会　それで、養成を出たての時は二十の盆を持ったのですか。

戸塚　いやそうじゃないんですよ。私たちがいちばん最初だったらしいね。ふつう、養成期間を終えても四十どりが多かったんですけれど、丁度切り替えだったんですね。それで初めて四十本に移ったんですね。二十本手前にあって、おくりに二十本あって合計四十本。とにかく一人や二人では、それがはけ切れないんですよ。遅ければすぐにとれないしね。だから結局、みんな平均に駄目になったのでしょうね。それで二十本になったのです(1)。

二　セリプレン

糸の生命は太さと光沢にある。だから、デニールや色、艶《つや》が問題となる。たとえば、太さにしてもむらがあったり、凹凸があったりすると等級が下がる。光沢がよくなければ生地のでき具合に影響するから、デニールやセリプレンに罰則が設けられていたわけである。三井時代の富岡製糸場の賞罰はつぎのようになっている。

糸量増減賞罰
第壱工場繰糸工女ハ平均糸量ヨリ壱匁ヲ増出スル毎ニ賞金参銭
〃　〃　〃　減ズル毎ニ罰金参銭
第弐工場繰糸工女ハ平均糸　匁《（ママ）》ヨリ壱匁ヲ増出スル毎ニ賞金弐銭
〃　〃　〃　減ズル毎ニ罰金弐銭
第弐工場緒工女　〃　増出スル毎ニ賞金弐銭
〃　〃　減ズル毎ニ罰金弐銭(2)

賞罰表を見ても分かるとおり、賞よりも罰が重いことが分かる。なぜならば、デニールのふぞろいや光沢の悪い物を取ったならば、やり直しがきかない物もあろう。さらに取り直しをしても最初から取るよりも時間がかかってしまうので、罰の方が厳しかったのであろう。遅くとも着実に取ってもらった方がいいわけである。では、罰の方は実際どうだったのか。再び現場の声を聞いてみよう。

表5　品位賞罰

賞金	品位上等ノモノ	品位更ニ上等ノモノ	品位優等ノモノ	品位最優等ノモノ
	一綛ニ付キ壱銭	一綛ニ付キ弐銭	一綛ニ付キ参銭	一綛ニ付キ五銭
罰金	類節多キモノ	光沢悪キモノ	ビリ節多キモノ	品位劣等次格トサレタルモノ
	一綛ニ付キ壱銭五厘	一綛ニ付キ弐銭	一綛ニ付キ壱銭五厘	一綛ニ付キ四銭

表6　デニール賞罰
（十四デニール中心ニテ）

	十四デニール	自十三・七五 至十四・二五	自十三・五〇 至十四・五〇	自十三・二五 至十四・七五	自十三・〇〇 至十五・〇〇	自十二・七五 至十五・五五	自十二・五〇 至十五・五〇	自十二・二五 至十五・七五	自十二・〇〇 至十六・〇〇
賞又ハ罰	五銭	四銭	参銭	弐銭	〇	弐銭	参銭	四銭	六銭

	自十一・五〇 至十六・五〇	自十一・〇〇 至十七・〇〇	自十・五〇 至十七・五〇	自十・〇〇 至十八・〇〇	自九・五〇 至十八・〇〇	自九・〇〇 至十九・〇〇	自八・五〇 至十九・五〇	自八・〇〇 至二十・〇〇	以下半デニール毎ニ罰金十銭ヲ逓加ス
罰	拾銭	拾五銭	廿五銭	卅五銭	四拾五銭	五拾五銭	六拾五銭	七拾五銭	

戸塚　かえって糸を取る方の人が腕のいい人がいたのじゃない。そのかわり、受けとりでないので罰金はとられないですね。

司会　罰金？

戸塚　デニールの罰をとられるのですよ。

司会　どのくらいとられるのですか。

戸塚　バツによってちがうのですよ。糸の太さがきまっていないのですよ。あんまり太いのを出したり、細いのを出してはダメ。中心に近いのを出さねばならない。中心に近いのを作れば賞もつく。

司会　賞というのはどのくらい出たのですか。

高橋　たとえば「二十一中」をとる場合、二十一中がちょうど出れば七銭くらい、十九の七分五厘というのが出れば五銭というぐあいです。

戸塚　それは一台についてですよ。

高橋　一九からはただでしょう。十八がでれば二銭か三銭バツをとられるし、十七だのまた太いので二十五も出せば、「とび」というのでバツが大きくなるわけです。そういうものは一円ぐらいとられるのですよ。

田村　セリプレンというのがあってね。

高橋　昔は黄繭糸というのがあったから、白と黄繭をまぜてとらないと、うすいのばっかりとると白くなってしまうのです。だからこのセリプレンの方なんか一ばんおしまいにはうんと困る。

戸塚　だから私たちのときこういう話がありましたよ。ある工女が工場がいやになって家に手紙を出したんだって、毎日セリプレンに悩まされて困るから家に帰りたいと。そうしたら「その野郎はどんな野郎だ。しめてやるから待て」と家から返事がきたとか。

田村　とにかくセリプレンのことを地獄台といいましたね。

高橋　まっ黒な黒板みたいな板に細い糸がからまるの、そうすると平らに見えるわけです。細いとことか、太いとことか、節のあるとことかよくわかってしまうのです。それで悪いとよく呼ばれるわけなの。気をつけてもらいたいと。(3)

工女にとってデニール検査とセリプレン検査がきつかったようである。注意を受けるのならまだよい方であろうが、現実に給料にひびいてくるから、真剣であろう。セリプレンを地獄台と言っているところをみると、相当厳しかったのであろう。デニールの方は中心デニールに離れるに従って賞罰の度合が異なって給料の高低に直接関係してくるが、セリプレンの場合糸に節目がついたり、均一でなかったりすると生地の仕上がりに関係してくるので、罰金はとられなかった代りにセリプレン室に呼ばれて厳重な注意が待っていた。たとえば、長谷セキは原製糸時代のセリプレンについて、こう述懐している。「糸とり成績について工場の中で、教婦が前日の糸目を毎日読み上げます。これは前日の台からあがったものを読み上げるのですが、その読み上げ方は『誰だれ何匁、平均がいくら』とみんなに聞えるような大きい声を出すのです。それでデニール、セリプレンがいくらとわかるから、糸目が切れれば給料がもらえない覚悟しなければなりませんでした。悪い糸をとると、検査室を連れていかれます。私も二度ほど連れていかれましたが、『これがお前のとった糸だ、よく見ておけ』としかられるのです。仕事が辛くてさんざん泣きもしました(4)」。

富岡製糸工場の工女は、先にも触れたとおり給料はたしかによかった。だが、すでにみたとおり出来高払いのため優秀な工女にとってはこの上ない職場であったに違いない。細い等級に分かれデニールやセリプレンに悩まされたのも事実である。にもかかわらず、当時としては恵まれていた職場であったため、糸取り繰糸の方はたいへん人気があったようである。たとえば、腕が上がると検査の地位が待っているが、検査よりも繰糸の仕事の方が給料はよかった。それで、明治三七年生まれの田村ヒロの場合のように、検査になっても給料がよくならないので、それよりは糸取りの方がよいため一年間休んで、翌年糸取りとして出かけたと述べている。だから工女も腕のいい人はこの上ない職場であったと考えていいだろう。

だが、逆の場合もある。糸取りが思うようにいかない場合、たいへん苦しむことになる。デニールやセリプレンについては前述のとおりであるが、うまく取れないと悲劇が生じる。明治四一年生まれの有井よねはつぎのような悲劇を紹介している。

工場にいっている間、ひとつの悲しいできごとがありました。工女の中に○○ちゃんという人がいました。この人はふだんはあまり腕は悪くはありませんでしたが、実家がお百姓で家にお伝いに行ってきてから、手が狂ってしまいました。当時糸は十四中をひいていましたが○○ちゃんの場合は、運悪く毎日罰糸を出していました。罰糸を出すと、工場の東と真中の時計下に黒板があって罰糸を出した人のなまえと番号数を掲示された。当時は一わくの目方が二升どりで二十の目方がでれば普通で、それ以上出れば賞与がもらえ、それ以下だったら罰になり、一わくの賞はデニールが十三の七分五厘が十二銭、十四が六銭、十四半が三銭でした。○○ちゃんは一週間近くも罰が出て、それを悲観して、赤いタスキを掛け紫のお腰をして、そのお腰をはしょってその中にレンガを入れて水槽にとび込んだようです。(5)

なんともやりきれない悲しい出来事である。製糸工場の労働問題については後に触れるが、和田英の伝習時代と生産第一主義の製糸工場でもこうした違いが生じてくる。英の場合なんとかして皆が一等工女になるよう集団で努力し、めでたく全員が合格した旨を述べているが、自分の成績に気をとられるばかりで、他の工女に気を配ってやる余裕はない。出来高で給料が決まるから他人のことはかまっている暇がないということになる。それにしても、一週間も続けて罰が出、しかも名前が貼り出されるとあっては娘心を傷つけないはずはなかろう。こうした女工哀史的なところがなかったとはいえないが、総じて富岡製糸場の場合、工女は一般の職種から見れば恵まれていたといっていいのではなかろうか。

だが、先立っていえば、『女工哀史』で展開されるような要素がぜんぜんなかったかというと、そのようなことはない。富国強兵でやってきたのであるから無理もないわけだが、罰も死人が出るとあっては行き過ぎである。有井よねは、こうした事件が起きて、その後罰則はどうなったのか述べていないので分からないが、有井よねよりも遅く入った大正一五年生まれの掛川光江が罰について述べているので、罰則がなくなったわけではない。その後もデニール、セリプレンの罰は続いた。掛川はこう述べている。「一わく二十パイとり終わると、しめ場（掲げ場）にもっていきます。前日に繰った糸をセリプレン室でセリプレンにかけ、罰糸が出ると仕事中に自分の番号が呼ばれ、セリプレン室に呼び出される。そこで自分のとった糸を見せられてしかられるのです。糸のつなぎ口が二〜三ミリ位であってもセリプレンは悪くなってしまうのです。セリプレン室に呼び出される時は、朝きれいに身支度をしてリボンをつけていても、しゃくにさわってとっていくほどでした」。(6)

糸取りがそう簡単ではないことが以上で分かったであろう。若い工女が近代日本の行く先を双肩に担って取った糸は、それなりにたいへん貴重であった。英の時代と違って、時代を下るにつれて『女工哀史』的側面をのぞかせるが、それでも糸取りは若い工女にとっては魅力があったに違いない。デニール、セリプレン競争があって、身を削るような戦いを強いられてはいたものの、当時若い娘が貢献出来る最良の職場が製糸工場であったと考えていいだろう。繰糸の出来、不出来で製糸工場の評価が決まり、会社の存亡にかかわろうから、工女の質が問題となる。良質の生糸を生産することが、国家的独立の最短距離にあった当時としては、デニール、セリプレンはやむをえなかったのかも知れない。

では、こうして富岡製糸場をはじめ当時の民間製糸工場はどのくらいの生糸を取ったのであろうか。つぎにそれを追ってみることにしよう。

三　工女の賃金

(一)　賃金体系

富岡製糸場で働いていた工女はどの程度の待遇をうけていたのであろうか。『富岡製糸場記全』によれば、工女給料は一ヵ年一等金二五円、二等金一八円、三等金一二円、等外金九円となっている。この時ブルューナの月給が六〇〇ドル、賄料金一五〇円であるから、工女の給料は比べものにならぬくらい安い。だが、工女の賃金は実際どうであったろうか。出石藩青山しまは、初めは一ヵ月九〇銭、それから一円五〇銭、三円、しまいには四円五〇銭もらった旨を書いているが、当初はこの規定であったろうが、時代が下るにつれて給料が上がっていることは青山しまの記述から窺うことができる。青山しまは富岡に六年いたので退社した時には明治一一年になっている。それゆえ、「しまいには四円五十銭もらいました」と述べたのである。年俸に換算すれば五四円になる。英は一等工女になり給料が上がった旨を述べているが、『富岡日記』での月給は一等一円七五銭、二等一円五〇円、三等一円、中廻り二円となっている。一等は年俸に換算すれば二一円になる。先の年俸二五円と多少喰い違いがあるが、創立当初の給料はこれらの数値が物語っていよう。

では民間の給料はどうであったか。たとえば水沼製糸の月給表にはつぎのような等級がある。一等四円五〇銭、二等三円七〇銭、三等三円、四等二円五〇銭、五等二円、六等一円七五銭、七等一円五〇銭、八等一円二五銭、九等一円、十等七五銭、十一等五〇銭、十二等三七銭五厘。一等から十二等まであるが、一等は十二等の十二倍である。一等は年俸に換算すれば五四円になるから富岡製糸場の一等工女が一ヵ年二五円であるから、倍以上になる。

この時期富岡製糸場が八時間労働に対して民間の水沼製糸は一二時間労働であったから割高になっていると考えてよい。大渡製糸場は、前に一言したように、一等から等外まで取り高に応じて二八等級に分かれている。無銭というのがあるが、これは例外としても出来高賃金が実施されていたから一等工女は四銭五厘で、最低の五厘と比べれば一等は五倍ということになる。甲種は出来高に応じて賃金が支払われるが、乙種の場合は甲乙の前段階としてつぎのような取り決めがあった。甲種は出来高

乙種工女ハ入場一ヶ月ハ無給・二ヶ月目ニ至リ一ヶ月金拾銭・三ヶ月金弐拾五銭・四ヶ月仝金五拾銭・五ヶ月仝金七拾五銭・六ヶ月仝金壱円ノ割ヲ以テ手当ヲ給シ、七ヶ月目ニ至リ試験ノ上等級ヲ定メ、甲種工女ノ次等級ヲ附与スルモノトス

但シ入場後六ヶ月未満ノ乙種工女ニシテ食費ニ差支ルトキハ、時宜ニヨリ該費ヲ貸与スル事アルベシ、又乙種工女ト雖ドモ抜群促成ノ功アリ、又ハ品行端正ノ模範トモナルベキモノハ、特別ニ甲種ノ取扱ヲナス事アルベシ(7)

甲種は四等以上であるから取高にもよるが、糸量一〇匁につき賃金が一銭五厘以下はないことになる。となると、甲種の工女は乙種よりも高いことになるから月給一円以下の者はいないことになる。水沼製糸場が年俸五〇円以上とる者がいたが大渡製糸場の場合も一等の最高級はそれに匹敵する工女がいたものと考えてよかろう。

では、民間時代の富岡製糸の場合どうであったか。三井時代の富岡製糸場では月給はつぎのように規定されていた。

繰糸工女及立緒工女ハ壱等ヨリ七等及等外ニ別チ毎月ノ成績ニ照ラシ相当ノ等級ヲ附ス、外ニ養成工女アリ、新ニ斯業ニ就ニ伝習ヲ受ケツヽアルモノヲ云フ、而シテ繰糸工女及立緒工女ノ賃銀ハ匁取支給法即チ受負制ヲ以テシ、繰糸額壱百匁ニ付キ何銭トシテ計算ス、別ニ品位・デニール・糸量等ニ付キ優秀ニ随ヒ賞罰ヲ附加スル事別表ノ如シ、其最モ克ク得ルモノハ一ヶ月ノ賃銀拾五円ニ達スルアリ、下級者ニハ他ニ補助ノ途アリ、所得一日拾銭ヲ下ル事ナシ(8)

「別表の如シ」とあるが等級がたくさんあるのでここでは省略するが、最高給が一日四九銭で最低が九銭八厘とあるから、最高給取りは最低の五倍ということになる。最高給取り四九銭の工女は一ヵ月一五円にもなろうから、「最モ克ク得ルモノハ一ヶ月ノ賃銀拾五円ニ達スルアリ」は事実であろう。一ヵ月一五円と計算すると年俸は一八〇円にもなる。当時としては大金であろう。大渡製糸場の第一等工女は四銭五厘であったが、仮りに富岡製糸場の場合と同じ一〇〇匁取るとすると一日四五銭になるから月に一三円程度になり年俸では一六〇円を超える。こちらの方も相当な額と考えていいだろう。

三井時代の富岡製糸場の場合養成工女の取り決めがあるが、それによると壱級から五級まで別かれており、壱級は月給一円、弐級は八〇銭、参級は六〇銭、四級は四〇銭、五級は参〇銭となっている。「養成工女ノ等級ハ毎月ノ成績ニ拠テ昇降シ、練習ヲ卒ヘタルモノハ是ヲ等外工女ニ進ム(9)」。

(二) 高賃金

つぎに、「座談会」、「ききがき」によって原製糸時代の工女の賃金を追ってみよう。富岡製糸場の入社は一年契約で、もっといたければそのまま継続できた。養成期間は本格的に一年で本工になる。大正二年生まれの戸塚ウメはこう述べている。「最初の一日、二日は二人だがすぐそのあと三か月たつと四十本つかされたんです。だからどこへつけていいのかわからなくてね。……四十本一人です。……とにかく一ヶ月働いて九円なんだから」。その他優秀な工女には金一封が出た。二円程度であった。だが、戸塚ウメは当時の二円はたいしたものであると認めている。

給料についてもう少し詳しく聞いてみよう。

高橋　大正十二年にはいり、はじめは一日七十銭でした。私は養成ではなく、はじめから本職ではいったので、次の月には一円になり、一円十銭になり、三月ばかりでこんどは一ばん腕のいい人の五十人の中にはいって、一円三十銭、一円五十銭、一円七十銭になり、よす時は一日に一円七十銭でそれに通勤費もあったから食費がつきました。大人になって仕事ができるようになって、一円五十銭から一円七十銭くらいまでが多い方だったですよ。ふつう一円から一円二十銭でしたね。

司会　一円七十銭というと一か月では。

高橋　四十五円からね。
田村　そんなになったんかね。
戸塚　まあ、女のかせぎとすればいい方だったね。
高橋　そう。腕のいい人はうんととったの。
司会　だいたい四十円くらいにはなったのですか。
高橋　四十五円から五十円近くなったの。
田島　私が大正のおわりに教員になって四十八円です。大正十五年に五十円だけれども当分四十八円というのです。
戸塚　だから工女さんはいい金をとったんだね。
高橋　そうですよ。だから一生でもいいと思いましたよ。それで通勤の人には工場で米を安く配給してくれるのですよ。一升ずつね。それが一升三円五十銭くらいだったかな。
司会　もっと安かったでしょう。その頃は。
高橋　一日分で買えたのかな。一円五十銭で買えたのかな。
司会　じゃ一升十五銭。その頃そのくらいの値段ですね。一升十五銭から二十銭くらいで、いちばん安い米で一升十銭くらいだから。
　小林さんは明治ですけれど、はいった頃はいくらくらいだったですか。
小林　私の場合一日に二十銭から二十五銭くらいです。私はからだも弱くよく休むから、五円から六円くらいしかもらえませんでした。

司会　それでやめる頃は。
小林　六、七円だったでしょう。
司会　戸塚さんの場合はどうですか。
戸塚　私なんか養成で三十銭もらえばいい方だったですね。やめる頃はいくらくらいだったですかね。
司会　昭和ですから相当よかったんでしょう。
戸塚　そうねえ。はいりたてよりだんだん悪くなったのじゃないですかね。あの頃は、何でも私がやめて二年くらいたって繭一貫目二円だったですよ。(10)

富岡製糸場創立当初から昭和までの工女の給料をみてきたが、等級によってかなり賃金も異なるので高低は即断しかねるが、「工女さんはいい金とったんだね」、「そうですよ。だから一生でもいいと思いましたよ」、という戸塚、高橋のやりとりが印象に残る。工女の月給がどの程度であったか大工の手間賃と比較しておこう。
明治元年の大工の手間賃は五〇銭であり明治四〇年に一円となっている。四〇年間にようやく倍である。ところが、工女の賃金はどうであったか。最高給取りだと一日五〇銭も稼ぐ者もいたから、工女の賃金はけっして安くはない。大正や昭和に入って月給一五円という工女もいたから第二次大戦前の大工の手間賃はとてもそんなにはならないから、一生工女を続けてもいいという声が出てきても何ら不思議ではあるまい。

四　工女の余暇

デニールやセリプレンに悩まされた工女たちは、余暇をどう過ごしていたのであろうか。日の出から日没まで、毎日馬車馬の如く働き続けていたのであろうか。英は盆踊りや芝居のことを述べているが、その他どのように余暇を過ごしていたであろうか。出石藩の青山しまが、読み書き、お針はいつでも立派な先生に習うことができたと述べたが、これについては、すでに触れたとおりである。官営富岡製糸時代の工女は自由時間はかなりあった。時代をずっと下って大正一五年生まれの掛川光江は「工場が休みになるのは毎月第一日曜日と第三日曜日、それにお盆と切り替え休みでした。お盆は十三日から十五日の間が休みで、切り替休みは春繭の出荷前で大体六月五日ごろから一週間ないし十日くらいありました(11)」、と語っている。

休みの日工女は何をしていたのであろうか。若い工女であるから工場内での生活では、それこそ篭の鳥である。前に就業規則のところで、こっそり抜けて駄菓子を買いに行った旨を述べたが、規則どおり門を抜けていけば日没前に帰れば問題はない。では、外出の主な目的は何であったか。民間時代の工女は映画や買物が主だったようである。富岡にはつい最近まで独立した映画館が三軒もあった。娯楽が少ない時代であったから、映画や芝居は工女にとって唯一の楽しみであったに違いない。三軒とも富岡製糸場のすぐそばにあった。おそらく若い工女目当てのものであった。掛川光江も「第一、第三日曜日には、たいがいの人が映画を見に行った」と述べているので、余暇の過ごし方は映画が筆頭であったのであろう。明治三五年生まれの土屋よし、新井よし両人も「大正七・八年頃より富岡座・中村座があって、時々製糸場全員で総見と言うのがあった。当時の入場料はおぼえていない。美津五郎、尾上菊五郎が来てよかった。衣粧《ママ》見せが一週間続いたものだ。電気館もあって入場料は六〜七銭であった。回数券を買っていつでも行けた。日給が八銭で入場料が六〜七銭でなかなか高かったわけだ。給料もいくらか上ってきていたので見ることができた」[12]（以下引用は同じ）、と述懐している。

こうみてくると工女の楽しみの一つに映画があったことが分かろう。つぎが買い物である。現代風にいえばショッピングであるが、富岡はやはり富岡製糸場とともに呉服商も早く出店した。たとえば同じ土屋よし、新井よし両人は「着物買うのが楽しみで、麻屋の前を通ると呼びこまれた。当時の呉服屋は麻屋・吉野・茂木・日野屋・木谷（製糸場前）であった」、と述べさらに、「若い時だからおしゃれだった。下駄などは一日三回位ふいたものだ。繰糸の人は匂いがして、そんな人たちからうらやましがられたものだ。夏に同じ着物を手にしたことはなかった。着物は何十枚となく持っていた。その頃ユカタは二円位かな、吉野の売出しで二反一円五十銭、着物と羽織で一円五銭だからユカタはもっと安かったかも知れない」。新井よしは退職する頃は月給四八円、土屋よしは五〇円位であったというから、浴衣二円は安かったと考えていい。だが、新井よしは四八円の月給のうち五円小使に使い四三円を家に入れているので、二円の浴衣でも買うのはたいへんであったかも知れない。だが、夏には同じ浴衣を二度着たことがないほど数多く持っていたことを考えれば、給料に比べ浴衣の方が割安であったと考えられよう。

この他、休みには小幡へ遠足に出かけたとか一の宮に行ったとか、小旅行したことが英の日記には記されている。時代が下って土屋よし、新井よしは「レクリエーションと云えば、四月頃工場内で演芸会があった。お花見もさせて、大通りをねりあるきながら一ノ宮へ行った。お盆には中門の中で盆おどりをやった」と当時を振り返る。

映画や買い物、小旅行などが工場外での余暇の過ごし方だとすれば、工場内において工女たちは自由時間に何をやって過ごしたのであろうか。前に青山しまが習いごとには困らないと言っている旨を述べたが、民営時代になってもこの風習は残っている。若い工女であるから稽古ごとは嫁入り前に修めておく必要があったろう。会社側もそのへんのところは心得て習いごとは希望者に選択させていた。六工社時代英が習字を習った旨は『富岡日記』に記されているとおりであるが、民営時代もこの風習は残っている。明治四二年生まれの坂本ふじは原製糸時代を振り返り、裁縫を習った旨を述べている。仕事がおしまいになると工場に裁縫の先生がやってきて皆で習ったとのこと。先生は一人で生徒の間をまわって教えた。七時から九時頃まで二時間程度であったが、月謝は原製糸が支払っているので必要なかったという。そのため寄宿生活以外の工女も家から裁縫道具を持ち込んで習ったといわれている。習う時期は一年中ではなく、よい時期を選んで数カ月間習った。

裁縫以外に生花、なぎなたの稽古もやった。その他カルタ会、演芸会などもあって、サムライ日本という歌が流行した時が一番印象に残った、と明治三五年生まれの安沢と志子は述べている。演芸会、花見の様子を阪本ふじ、安沢と志子はこう振り返える。

阪本　清水のワタルさんという人が独奏するという話で、各部でも競争で出し物をきめて練習をした。毎晩、乾燥場や調査部に入ってやった。新潟の方から来ていた人にいっぱい芸人がいてうまかった。繰糸の教婦をした人が「肉づきの面」というのをやってよかった。姑が嫁さんをいじめる話だった。再繰部は「金色夜叉」をやったが、これがまたうんとうけてしまって、小沢ハルエさんという人のところへファンレターが来て困った。

お宮さん役は中沢ハッちゃんという人がした。

安沢　春の花見もにぎやかだった。大久保所長の頃は、一ノ宮の方からまわって来て、富岡の三角公園のところに全員集まって、おどりをおどったりしてにぎやかだった。女ばかりだから酒は出ないが、工場からお弁当が出て、朝から出かけたので、「原製糸の花見」というと町の人たちがいっぱい来て女工さんたちの花見を見るためににぎわった。いろいろ仮装して出たので、お面をつけたり、いろいろなしたくをしているばかりでなく、越後のおどり（盆おどり）をしたから珍しがって見物に来たというわけである。

お盆のときは一五、一六日が休みで、盆踊は一四日の夜から始まった。男子禁制であったのでブルューナ館でやった。千人位の人が四列になって踊ったので畳が一晩のうちにすりきれてしまい、会社の人は大いに困ったとのことである。この盆踊では広間に大きな桶を入れて、この中に水をいっぱい入れて、のどがかわくので氷をしゃぶりながら踊ったとのことである。踊ってお腹がすくと食堂へ行き冷麦を氷桶の中から取り出しては勝手にすきなだけ食べたという。原製糸は、仕事もさせたが盆や物日には大盤振舞をした。ことに五〇年祭の時は大掛かりであった。五〇年祭といえば、富岡製糸が創業したのが明治五（一八七二）年であるから大正一二（一九二三）年ということになる。このときは繭で赤城、妙義、榛名などの山をつくり、東京から落語家を連れて来て噺《はなし》を聞いたり、ブルューナ館で映画をやってたいへんにぎやかであった、という。さらに町の商店も正門の所に店を並べたいへんな盛況であった。

この他余暇には若い工女たちはいろいろな方法で過ごしたようである。音楽を聴く者、本を読む者、さらに恋人談義に花を咲かせる者、たまには門衛のライオン氏に説教されるようなこともあったろう。前述したとおり、若い工女であるから、門限はとくに厳しかった。そのためある守衛はライオンという異名をとったほどである。だが、これまでみてきたように、よく働きよく遊べではないが、余暇を結構楽しんでいたように思われる。とくに原製糸時代には給料もよかったし、会社側も工女の面倒をみた旨が工女の証言によって窺い知ることができる。たとえば、土屋よし、新井よしの両人は原製糸時代を回顧してつぎのように語っている。「原時代は優秀で、よい時代であった。どうしてこんなに楽しいものかと思った。だんだん仕事になれてくるし、お金は上って来るし……」。

たしかに今日から比べれば余暇時間は少なかったであろう。前述したとおり、一〇時間から一二時間も働いたので、余暇どころの話ではなかった、というのが実情であったかも知れない。それなりにある程度技術を身につければ、おそらく「一生勤めてもいい」というほどの職場と考えてよかったのではなかろうか。四時に起き五時に勤めに出、途中一時間から一〇分程度休みをとり、七時まで働く。食事をとり風呂に入って、九時に消灯であっても睡眠時間は七時間ということになる。毎日七時間の睡眠では体がまいってしまう。原製糸時代には安沢と志子、阪本ふじの二人は、起床が六時、朝食が七時か七時半、夕方六時に終ると、通勤の人でも寄宿の人でもみんな風呂へ行った、とあるから、四時に起床、七時終了ではとても勤まらなかったのであろう。官営の時代は八時間労働で時間に余裕があったが、原時代の八時操業開始、六時終了というのが一番能率があがったのかも知れない。とするならば、仕事が終わってから寝る前にかなりの時間がある。手習いの時間も結構とれるというわけである。

今日でこそ労働時間短縮が公論となりつつあるが、それでもなおわが国の労働時間の長さは先進国のなかで一番である。八時間労働が厳密にいい出され、守られるようになったのはつい最近ではないか。このことを考えれば近代日本を支えた工女の労働時間は、原製糸や官営の富岡製糸時代をみた場合そう長いとはいえないのではなかろうか。総じて工女たちは給料に不満なく労働時間もそう長いとは思わずに、結構楽しく過ごしたのではなかろうか。これをみる限り、女工哀史的光景はまだみえていないし、少なくとも富岡製糸工場に限っていえば、官営、民営問わず工女の本音はいい職場であったとみなして差支えなかったのではないだろうか。

五　工女の誇り

すでに和田英が国家的独立を一身に担って、富岡へ向けて松代を後にしたことは、『富岡日記』の冒頭に出てくるが、その決意はとても一七、八歳の女性のものとは思えない。だが、近代日本を担った工女たちは、それなりの自負、誇りをもっていたし、周囲もまた工女をそうした目で見守っていたにちがいない。だから、山口県などは富岡行きに対して最高の待遇を行ったわけである。その山口県の国司チカが、当時の工女が指一本指されることがないと自負している様子はすでに述べたとおりである。

時代が下って民営時代にあっても、工女たちは誇りをもっていたようである。たとえば、明治三一年生まれの高橋、大正二年生まれの戸塚ウメなども、やはり官営時代と変らぬ工女意識をもっていた。つぎの件がそれを端的に物語っている。

司会　それから、さっきから話に出ているんですけれども「女工」とはいわないんですね。富岡製糸場の人は。
高橋　「工女」というです。「女工」とはいわないいんですよ。（傍点筆者）
司会　戸塚さんの時もそうですか。

戸塚　そうです。

富岡工女のなかでいくつか流行した歌がある。たとえば、「鳩が鳴きます」、「天にあおぐ日の光」、「くるりくるくる糸車」、「繰糸の歌」などがあった。富岡で流行した歌を追いながら工女のエートスを考えてみることにしよう。この歌は富岡製糸場創立当初より大正初期まで愛唱された新文明をたたえた歌である。

上州一ノ宮　　あづまやの二階
椅子に腰をかけ　　遥か向うを眺めれば
あすこに見えるは　　ありゃ何処だ
あれこそ上州の　　甘楽ごおり
音に聞こえし　　富岡の
あれこそ西洋の　　糸機械
西洋造りで　　木はいらぬ
廻り椅子で　　屋根瓦
窓や障子は　　ギヤマンで
糸繰る車は　　かな車
あまたの子供は　　連だちて

髪は束髪　花やうじ
紫袴を　着揃えて
縮緬だすきを　かけ揃え
糸とる姿の　ほどの良さ

この歌は富岡製糸場の様子をよく伝えている。女工と言わずに工女と言われたが、さらに進んで紅女という自負があった。富岡工女を描いた錦絵を見ると「髪は束髪　花ようじ」「紫袴を着揃えて」、「縮緬だすきをかけ揃え」とはよくその姿をうつし出している。明治六年に英照皇太后、照憲皇太后両陛下が富岡製糸場を訪問し、生糸が国富の源泉である旨を唱い上げている。

いと車とくもめぐりて大御代の富をたすくる道ひらけつつ
とる糸のけふの栄えをはじめにて引き出すらし国の富岡

こうして富岡の工女は時代の申し子として、女工ではなく工女という地位を固めていくし、官営、民営時代を問わず、近代日本の基礎を固めるべく組み込まれていったとみてよいであろう。原時代の富岡製糸場の歌は、その後の富岡製糸の実情をよく伝えている。

第一節　明治の御代のはじめより

くるまのめぐりをやみなく
くりだすまゆのいとたえず
浅間の山ともろともに
ひびきとどろく汽笛の声

第二節

はるけき海のあなたより
おほくのたからひきよせて
国富をませる富岡の
御荷鉾《みかほ》の山は高けれど
なおも名だかき製糸場

第三節

かよわきものの手さきなる
わざよりなれる糸すぢに
みくにの富をつなげれば
妙義の山はたえなれど
ましてくすしきわざぞこれ

第四節

しばしばみゆきあふぎつる

ほまれをながくおとさじと
引き出す糸のひとすぢに
かぶらの川のいときよき
心あはせてつとむべし

原製糸時代も官営の富岡製糸においても基本的に糸取りは変わってはいない。富岡が国富を創る。その国富を「かよわきものの手」で繰り出すというのである。工女たちが「心あわせてつとむ」れば、近代日本の礎を築づくことが可能であるということになろうか。最後に北原白秋の手になれる甘楽行進歌を紹介しておこう。

第一節
天に青雲　日の光　お国は上野　北甘楽
甘楽　甘楽　北甘楽　富岡製糸の汽笛はなる
第二節
桑は百万駄　野は広い　行っても行っても桑畑
蚕　蚕　みな食べろ　どんどん食べてもまだあまる
第三節
繭はお倉に買ひこんだ　しこたまよさこひ　積みためた

積んだ　積んだ　繭ぶくろ　妙義も榛名もまだ低い

第四節

糸は黄の糸　白の糸　腕なら娘の粒ぞろひ

繰っても　繰っても　糸車　川瀬の水よりまだ尽ぬ

第五節

やっこらさと担ぐはみな宝　それやれ　大門ひきあけた

出した　出した　積み出した　輝く宝を積み出した

第六節

富は富岡　北甘楽　いやいや日本の名の誉

富んだ富んだ　みな富んだ　世界の富をば引き寄せた

終始一貫して流れている思想は国富である。その国富を富岡、北甘楽の養蚕地帯が担っている。生糸を繰るのは「娘の粒ぞろい」であるという。こうした環境のなかで育った工女たちが、どのような思想の持ち主になっていたかは、おそらく英と同じように国の業の一翼を担っているのであるという意識が強かったのではなかろうか。たしかに一〇歳を少し出たばかりの工女たちに、そうした意識があったかどうかは別として、これだけ周囲が期待しているとあらば、そして工場内で歌われたこれらの歌詞を口ずさむ時、工女がどのような意識を持っていったかおよその察しがつくというものであろう。

筆者がこう書くのは、けっして工女を無理に高めようとしているのではない。近代日本のなかで、国家的独立を図るべく邁進した国是のなかにあって、製糸業とくに富岡製糸場を担った工女たちは、『女工哀史』に出てくるような悲惨な状況下におかれたのではなく意外と恵まれていたのではないか、ということを考えてみたかったからである。とはいえ、女工哀史的な側面がなかったなどと断を下すつもりはけっしてない。すでに述べたように、和田英が『富岡日記』などによって工女の姿を実にリアルに描いているが、近代日本の国富増進という点では英と同様に他の工女たちも努力した点を、こうした形で表現してみたかったからである。ここに登場する工女たちはほとんど無名である。だが、無名であるからといって役に立たなかったかというと、けっしてそうではなく、ちょうど二宮尊徳や江戸時代の一般農民と同じように、和田英と他の一般工女たちの関係も同じように考えていいのではないかとの考えの下に、工女たちにスポットを当ててみたわけである。ここに挙げた工女は近代日本を支えた工女たちに比べればほんの僅かである。とるにたらない人数に等しい。だが、そうはいっても少しでも実態に近い形で掘りおこしておくことは、益なしとしないと考えたからである。

だが、工女たちの実態がここに記したような光の部分ばかりではないことは十分承知している。やはり影の部分もあった。それは煮詰めていけば『女工哀史』へつながる方向であろうが、富岡製糸場で展開された繰糸の実情はもっと明るい面の方が多かったのではないかと思う。

六　工女の影

本書を終了するにあたって、工女の影にスポットを当てておこう。若い工女たちであるから、これまで述べてきたように全てが光の部分というわけではない。士族の娘たちの高い自負に支えられた光の部分とは対照的に、時代が下るにつれて家庭の事情を背景として、帰るに帰れず苦悩した工女たちがいないわけではなかった。デニールやセリプレンに悩まされ、一命を落とすという悲劇があったことも見すごしてはなるまい。さらに職業病ともいわれる種々の病にも悩まされもした。近代製糸業を支えた工女の墓が、いま富岡市竜光寺に静かに眠っているが、全て職業病のせいにすることはできないにしても、若い命が消えていったことは肝に銘じておく必要はあろう。

作業中にも事故があった。機械に巻き込まれ丸坊主になってしまうようなケースもある。明治三五年生まれの高橋よしは、「髪の毛をみんなとられたという人がありましたよ。運転の心棒があるでしょう。それに髪の毛がまきついて止まらないでしょう。それで髪の毛をとられてしまったんですよ。三回ぐらい廻って、そっくり毛がとられ、後に少しついていたそうです」と語っている。さらに明治三一年生まれの小林よめは、「私が見たのは越後の人でしたね。お昼でね、心棒が休まないでめぐっていたんですよ。そこを三回ぐらいめぐったらしいですよ。それで丸ぼうずになってしまいましたね。でもよくなおってそれ以後も勤めていました」、と述べている。

だが、なんといっても悲劇なのはデニールやセリプレンに悩まされて一命を落さなければならなかったケースであろう。家が貧しかったため家庭経済の支えとなっていたのである。罰を出してもどこにも、誰にも救ってもらえなかった。最後の逃げ場として死を選ばなければならなかったケースであるが、この例などは、『女工哀史』的な側面をもっているといっていいだろう。若くして逝った工女は、書置きに「工場にいれば工場の恥だし、家に帰れば親の恥だ、それで死ぬ」以外にないと、死を選んだということである。

官営時代の富岡製糸工場は伝習生のためのものだったから、和田英が述べているように、糸取り競争程度ですんだ。営業成績を見ても利潤を度外視しての経営であったから、ある意味では単純商品生産時代的性格のものであろう。だが、民営時代の富岡製糸場は資本主義商品生産時代の経営である。どこから利潤を得るかといえば、工女に一生懸命働いてもらい、良質の糸を大量に生産する以外に企業の生き残る道はないことになろうし、また国家も西洋列強に伍していくためには、工女の生産に期待するところが大であった。デニールやセリプレンの罰はこうした背景をもって生まれたものであるが、その犠牲になったのがこの女性たちであったと考えていい。

明治四一年生まれの新井よねは、当時の様子をこう述べている。この件を最後に本章を閉じることにしよう。

夜の九時五分位前だったと思いますが、……みんなに頼まれて工場の外の西にある平和堂という菓子屋へ菓子を買いに行く途中、タンクの下を通る時「ボンノクドウ」の毛を引かれるような変な気持になりました。そして「キャーッ」という声を聞きました。当時はむじなが出たので多分むじなだと思ってあまり気にもとめず、菓子屋まで行き、こんなさびしいいやな晩はないと話し合いました。

翌日○○ちゃんの弟が「うちの姉ちゃんいるかい」といいながら飛び込んで来ました。いつものようにいると思ったので、「いるよ」というと、「ああ、よかった。誰かタンクで死んでいるよ」と言いました。

これを聞いていた部屋長が「ことによると○○ちゃんかも知れない。夕べ調べた時、○○ちゃんは部屋にはいなかったが、友だちの部屋にでも行っているると思いあまり苦にしなかったが……」といった。

急いでタンクに行ってみると、やっぱり○○ちゃんで、かわいそうな姿でした。なきがらは朝の六時頃あげたように思います[13]。

大正一二年のことで、○○ちゃんは年齢一九歳であった。


【注】
（1）「座談会」『富岡製糸場誌（上）』。
（2）「富岡製糸場」『群馬県史』二三、二九四〜五頁。
（3）前掲『富岡製糸場誌（上）』「座談会」。

(4)　同前、「ききがき」一一八二頁。
(5)　同前、一一七五頁。
(6)　同前、一一八四～五頁。
(7)　前掲、「大渡製糸場製糸工女規定」『群馬県史』二三二、二八四頁。
(8)　同前、二九二～三頁。
(9)　同前、二九五頁。
(10)　前掲、「座談会」『富岡製糸場誌（上）』。
(11)　同前「ききがき」一一八五頁。
(12)　同前「座談会」。
(13)　同前「ききがき」一一七五～六頁。

あとがき

筆者は高崎経済大学に奉職して以来、付属産業研究所員として研究を積んできた。専門が日本経済思想史ということもあって、近代群馬の思想に焦点をあわせて参加することが多かった。産業研究所が研究の成果を単行本として出版するようになったのは、一二三年前であるから、最初から関わっていることになる。入って間もない頃から、群馬の近代化の研究に携わってきたことになる。

最初の成果は『高崎の産業と経済の歴史』であった。それから一〇年後、『近代群馬の思想群像』なるプロジェクトを立ち上げ、和田英と『近代群馬の思想群像』で「富岡日記」を担当した。富岡製糸場は子どもの頃から慣れ親しんでいたので、スムースに対象とすることができた。富岡市は甘楽町と隣接しているゆえ、富岡製糸場はいつも眺めて育ったと言っても言い過ぎではない。赤煉瓦の建物は当たり前の風景として存在している。赤煉瓦は甘楽町福島で焼いたこともあって、余計に親しみが湧いてくる。礎石も甘楽町小幡から搬出されているので、一層親しみを寄せている。片倉製糸（富岡製糸）を町作りに生かせないものかと考えるシンポジュウムや座談会にも参加し、何かとその遺産を生かすことができないものかと考えたりしたことも、愛着を寄せる要因になっている。ある意味で、富岡製糸は特別な存在ではなくごく当たり前なものとなっている。

論文を書くにあたって、和田英が富岡下りをやったとおりの道を体験しようと企画したりもした。

松代から富岡までならばあっという間の行程である。英が通ったとおりの道は現在車では不可能であるが、概ね行程を走った。力餅の看板は今でも目にとまるから、英の時代とそんなに遠くはないのかとも思ったりもした。松代の雰囲気を味わう必要があるため何回か足を運んだ。最初おとずれた時はまだ藁葺きの粗末な家であったが、今では立派に整理されている。佐久間象山の出身地だけあって教育にも熱心であった松代藩の遺産が、当時の面影を思い起こさせてくれる。和田英が育った雰囲気が伝わってくる。

本書で展開している第一章「日本の近代化と富国論」、第三章「日本の近代化と和田英・『富岡日記』」、第四章「日本の近代化と和田英・富岡後記」は『近代群馬の思想群像』に掲載したものをベースとしている。体裁を整えるために題名や数字などは現代に合わせるように整理し、本書全体の中で適合するよう僅かであるが加筆、修正も試みている。だが、基本は大きく変わってはいない。

翌年『近代群馬の思想群像　二』が出版の運びとなったが、筆者は「近代製糸業を支えた工女達」を執筆した。富岡製糸は和田英が去った後も、民間会社に払い下げられ、近代日本の富を一心に担っていく。時代が下るに連れて『女工哀史』的な面が顕在化していくが、基本はやはり和田英のエートスに近いかたちで携わっていると見ていい。工女たちがどういう条件のもとに働いていったかをとおして、近代化の問題を浮き彫りにできればと考えたからである。近代群馬を対象としているが、これは近代日本の問題でもあった。横井小楠が提唱した富国策がまだ根底に残っていると考えていい。

だが、大正期、原製糸に移行し日本を取り巻く環境が厳しくなるにつれて、工女は女工に変わっていく姿が垣間見られることも事実である。ここでは工女の募集、労働条件、賃金体系、糸取りの現状などを取り上げているが、基本的には工女として恵まれた姿であると言える。第五章「工女の遺産」、第六章「工女の出身地」、第七章「工女の労働条件」、第八章「糸取り」はアレンジしているが基本的に『近代群馬の思想群像　二』をベースとしていることに変わりない。最小限度の加筆、修正で済ましている。

平成一〇年、付属産業研究所から『近代群馬の思想群像』、『近代群馬の思想群像　二』の姉妹編ともいうべき『近代群馬の製糸業――産業と生活からの照射』を出版した。順序は逆になったが、ここで筆者は田島弥平、渋沢栄一、和田英を取り上げた。企業化精神を見る思いでこれらの人々に標準をあわせた。混迷する現代社会に一つの範を示してくれているからではないかというのが、『富国論と蚕糸業――尭舜孔子の道・西洋機械の術』を執筆した理由である。この部分を本書の第二章に据えることにした。第二章はそのまま載せてある。少しも加筆、修正を加える必要がなかったからである。

養蚕業、製糸業はすでに過去の遺産となりつつある。博物館で蚕を飼育するような時代である。かつては国富を一身に担って力強く近代化の原動力になったが、今その面影はない。それどころか、近代化遺産を生かした地域形成が叫ばれている現状が、養蚕業・製糸業の衰退を如実に物語っている。かつての隆盛は消滅したが、そこで展開された工女たちの生き方は現代社会に大いに資するのではないかと考えている。どこか健全な姿がかき消され社長交代劇が後を絶っていない昨今であるが、和田英の行動、言動は現在でも十分通用するし、また通用していかなければならないエートスであろう。

本書は近代化過程における思想研究のほんの序論に過ぎない。横井小楠が布いた富国策を考えてこうしたスタイルで出版の運びとなったが、できれば次には現代社会から横井小楠の富国策を考えてみたいと思う。本書はそうした意味における一里塚になろう。

最後に、熱心に校正にあたってくれたゼミ生、菅野淳一郎、斉藤隆史、酒井卓也、鈴木学、沢田裕行、山口賢、吉沢武志、吉村拓真の諸君に感謝したい。

平成十四年十一月　群馬県甘楽天引の寓居にて

還暦を迎えて　山崎益吉　謹識

[著者略歴]

山﨑益吉（やまざき　ますきち）

1942年　群馬県甘楽町に生まれる
65年　高崎経済大学経済学部卒業
69年　青山学院大学大学院経済研究科修士課程卒業
83年　高崎経済大学教授
91—92年　文部省の在外研究員としてロンドン大学へ留学
94—95年　高崎経済大学付属産業研究所所長
96—97年　高崎経済大学第19代学長
現　在　高崎経済大学大学院教授
専　攻　日本経済思想史，経済学方法論
著　書　『日本経済思想史』（高文堂出版），『転換期の経済と社会』（多賀出版），『横井小楠の社会経済思想』（多賀出版），『地域ルネッサンスの誕生』（日本経済評論社），『経済倫理学叙説』（日本経済評論社），『カルチャノミー時代の提唱』（出版企画）ほか．

製糸工女のエートス——日本近代化を担った女性たち

2003年2月1日　　第1刷発行

定価（本体2500円＋税）

著　者　山　﨑　益　吉

発行者　栗　原　哲　也

発行所　株式会社　日本経済評論社

〒101-0051　東京都千代田区神田神保町3-2

電話 03-3230-1661　Fax. 03-3265-2993

URL : http://www.nikkeihyo.co.jp

E-mail : nikkeihy@js7.so-net.ne.jp

装丁・静野あゆみ（ハロリンデザイン）

印刷・新栄堂　製本・協栄製本

ISBN 4-8188-1461-X　　Printed in Japan